湛庐CHEERS

与最聪明的人共同进化

HERE COMES EVERYBODY

OPENING SKINNER'S BOX

20世纪最伟大的心理学实验

Great Psychological Experiments of the Twentieth Century

[美] 劳伦·斯莱特（Lauren Slater）◎著
郑雅方◎译

北京联合出版公司
Beijing United Publishing Co.,Ltd.

推荐序

瑕不掩瑜

胡志伟　心理学教授

撰写这篇推荐序时，我的心情颇为复杂。既有遇见老友时的那种欣喜，也有对一位才华横溢的作家的欣羡，更有诸多的感慨。根据我从网上查到的资料，劳伦·斯莱特不但是哈佛大学的心理学硕士，更是波士顿大学的教育学博士；然而，斯莱特走了一条和其他具有类似学术背景的人截然不同的道路，成为一位专业作家。斯莱特也在大学教书，但她所教的科目是“非虚构文学创意写作”（creative nonfiction writing），而非教育学或心理学方面的课程，但这并不意味着她所受过的心理学教育对她的事业完全没有影响。从斯莱特出版过的六本书来看，心理学的训练不仅深深地影响着她写作上的选材，同时也让她的作品得到许多奖项。

这本书介绍了10个20世纪心理学的重要研究，而过去十余年间，我在台湾大学心理系讲授“普通心理学”课程，我深知这些研究都是教材必定要介绍的内容。通过这本书，我们可以看出斯莱特的写作风格。首先，她会找一些有趣的心理学研究或议题为写作题材；其次，她会为这个题材换一个“外衣”，将原先生硬的科学术语剥去，换以流畅的文字叙述；最后，为了加深文章的可读性，她会在文章中生动地描述一些个人经验，包括自己和该心理学实验的实验者、被试或其他科学家之间的互动经历。这样个人化的写作风格的确会将一些原本晦涩难懂、难以亲近的心理学研究变得浅显可亲。然而，在羡慕斯莱特的写作能力，欣赏她能够将科学研究写得像小说般引人入胜时，我也注意到这样的写作方式为她招致了诸多批评。

根据我在网上搜寻的结果，对斯莱特的批评可以归纳为三类。

一、文字上的疏漏。例如，她在书中误记了某教授任教的学校，误述了教廷的封圣记录，误记了一些历史事实。比较严重的错误是本书第1章，有关德博拉·斯金纳（斯金纳博士的女儿）的记录。看到斯莱特在书中的描述，一般读者很容易将德博拉的童年经验视为“创伤”，将斯金纳博士视为一位疯狂的科学家，愿意把自己女儿作为研究对象，进行无法预知结果的实验。但是，事实不是这样的。根据德博拉的自述，斯金纳博士是一位负责的、温暖的父亲，他本人也没有任何精神疾病的历史或症状。而斯金纳博士设计的婴儿箱更是受到了妻子的赞赏，因为这个箱子不但为小德博拉提供了一个安全的环境，也因为这个箱子的设计，减轻了她的清洗工作。更重要的是，在本书的撰写过程中，斯莱特没有向德博拉本人做过求证工作。

二、错误记录或过度推论访谈对象的话。这是斯莱特最为人诟病的错误。例如，在本书第3章里，她写道：

斯皮策停顿片刻，又问：“你说罗森汉怎么了？”我说：“不怎么好，他妻子得癌症去世了，女儿死于车祸。他中风了好几次，医生诊断不出原因，现在全身瘫痪。”斯皮策似乎不为所动，也未表示遗憾。可见精神医学界有多痛恨罗森汉的研究，即使过了40年，余恨仍未消失。他说："这就是进行那种实验的下场。"

但是斯皮策写信向本书的出版商提出抗议，他否认说过上述的话，并表示绝对不会说出如此幸灾乐祸的话。斯莱特回信给斯皮策，承认了这项错误，并承诺会在新版书中做出恰当的更正。

三、书中可能叙述了一些她"没有做过"的研究。例如，在本书第3章里，她说自己曾做过一个类似罗森汉所做的研究，也就是伪装成精神病人，向多家医院精神科或急诊室求助。根据书中的叙述，类似罗森汉的研究结果，精神科的医生无法查知斯莱特是假装的病人，并开给斯莱特25种抗精神病药物及60种抗抑郁药物。但是，当一群以斯皮策为首的精神科医生写信给本书出版商，要求斯莱特公布所做研究的详情时，她却无法提供这些信息。

看过本书及针对它的相关批评后，我产生了无限感慨。首先，我有着一种"饿汉听人批评鸡肉烧得不够入味"的感慨。诚然，这本书是有一些"问题"，但是对于一本像小说一样的"创造性非小说"而言，这些实在是微小的"问题"。和众多灵修、命理、育儿、青少年问题和自我成长的书相比，这本"有些错误"的书就显得和学术性的教科书一样了。我还记得在十余年前，当我在倪匡的科幻小说中读到他以古典制约的机制来描述生理现象时，兴奋得当场决定要在普通心理学的课堂上引述这段文字。十几年转瞬过去，我们在华人世界里还看不到一位类似斯莱特的作者，能够这样将心理学知识深入浅出地介绍给一般读者。

对于一位心理学家而言，看了这本书后，我们自然会想到两个问题：心理学研究的伦理规范与研究结果的外部效度（即能否解释真实世界中发生的事情）。无疑，书中描述的都是一些“经典”的心理学研究，同样没有疑问的是，在这些研究中，有许多研究都有“伦理”上的问题。例如，本书第 2 章谈到米尔格拉姆的服从权威研究，就是一个极具争议的研究。一些参与这个研究的被试不但因为研究的安排让他们在实验室中出现极大的情绪波动，有些人甚至回家后，也会从梦中惊醒。这样的研究已经不能再在欧美的心理学界进行了，因为他们已经制定了严格的心理学从业人员的伦理规范，且严格执行这些规范。让我感慨的是，我无法针对我们的学界做出同样的结论。因为，虽然台湾的心理学界在经过多年的讨论后，终于通过并颁布了“心理学专业人员伦理准则”，但是到目前为止，这份准则形同虚设，对台湾的心理学者没有任何约束力。单从这点来看，台湾心理学界的成熟之路还很遥远。

心理学研究有着极高的实用性。事实上，许多心理学研究是因为现实世界发生的问题而应运而生的。例如，本书第 2 章、第 3 章、第 4 章与第 8 章，描述的实验都是研究者受现实世界所发生的问题的启发而开始研究。这些实验不仅取得了重要的研究成果，也为现实问题提供了解决的方向。例如，受到罗森汉研究的影响，学界组成研究小组促成了新的精神病诊疗技术，其研究结果产生了目前使用的美国《精神障碍诊断与统计手册》。反观我们的社会，绝对不乏需要心理学者介入的研究，不乏需要他们提出解决方案的社会现象（例如，越来越分化的社会、越来越严重的族群问题、父母携带子女一起自杀的独特现象、新移民的社会适应问题等），但是包括我在内的心理学者，都在这些问题上缺席了。造成我们缺席的原因很多（例如，繁重的教学任务、极端功利与短视的教授职称制度、心理学的规模太小、心理学者人数太少等），但这些都不能让我们卸下对这个社会应负的责任。

写推荐序的好处是，出版社对推荐者没有太多的写作格式要求，所以本文的结构有些松散，提到了许多个人的感慨。然而，写序还是有“要求”的，那就是，推荐者应该提出该书的可推荐之处。总括来说，我认为这是一本选材精彩、引人入胜的好书。内容虽然有些小问题，但是瑕不掩瑜，是一本值得一读的好书。

前 言

14 岁那年，我第一次进行心理学实验。我们在缅因州有间老旧的度假小屋，石灰墙面斑驳剥落，凹陷之处有浣熊栖息。有一天，我从中抓出一只小浣熊，我叫它“阿梅莉亚”。它嘴角还沾着奶水，双眼紧闭，不停啼哭，拼命挥动四肢。几天后，原本紧闭的双眼微微睁开。

心理学家洛伦兹（Konrad Lorenz）养的鸭子睁开眼最先看到他，进而追随模仿他的行为举止，这被称为“印刻效应”（imprint）。所以我让阿梅莉亚一睁开眼就看到我，视线所及，别无他人。我走到哪儿，它就跟到哪儿，还在我脚边打转。要是害怕，它就会攀住我的小腿不放。它跟着我找书店、去学校、逛街、睡觉，模仿我的举动。理论上是我让阿梅莉亚产生了印刻现象，但到后来，我的生活习性反而越来越像它了。和阿梅莉亚在一起时，我会伸手到池塘里抓鱼，我开始喜欢在夜里出没，欣赏潮湿草地上晶莹的露珠，而黑眼圈也越来越明显了。

最后我在笔记中写道：“母亲也受印刻效应的影响。”我不禁要问：这种互依共生的模式中，到底谁影响谁？某种生物若与他种生物长期亲密相处，先天习性是否会日趋退化，完全仿效他种生物的行为反应？世界上真有狼群养大的孩子、会写字的黑猩猩吗？正是这些问题引发了我对心理学的兴趣，且持续至今。随着年岁增长，我更感兴趣的是用来探究这些问题的方法。一开始让我着迷的是阿梅莉亚（被试），后来却进一步想了解心理学实验的设计架构：提出假设，设计实验步骤，详尽的质性描述，屏息凝神或百般无聊地等待结果。不论人为或巧合，心理学实验都少不了这些要素。

追溯本书的写作动机，我首先想到的是我的浣熊宝宝阿梅莉亚，但还有许多因素也同样重要。我一直觉得心理学实验很有意思，因为最理想的心理学实验就是去芜存菁后的生活，这是浓缩的人生经验。就像化学实验借助种种仪器，逐一分析出某种化合物的成分一样，心理学实验让我们在特定情境中，清楚看到喜爱、恐惧、顺从、怯懦等心理作用。我们常因为生活的急促忙乱，而忽略行为反应的其他面向。伟大的心理学实验则凸显出这些面向，让我们能更清楚地检视、了解自我。

就读心理学研究生期间，我有机会观察各种动物和人，并进行实验。我看过中风病人，右脸麻痹，没有表情；失明的病人却能读出信件内容，令人百思不得其解。我观察等电梯的人，多数人明知猛按按钮，电梯也不会快点到，却还是猛按个不停。我想知道，这些人为何还要按个不停？这种“电梯行为”反映怎样的人类思维？我当然也看过经典心理学实验的相关文献资料，它们多半出自学术期刊，并且伴随许多量化资料与统计图表。我总觉得若能对实验内容多加着墨，必能呈现更多深刻独到的观点。遗憾的是，现有的文献资料不是平铺直叙，就是单调乏味。多数报告不外乎如此，都未能掌握心理学实验的精髓。这也是促使我写作本书的主要原因。探讨心理学实验不能只重视结果，更应深入了解其内涵。我在写作本书时，一直以此要求自己。

人生毕竟不是由资料重点、手段工具、理论模式所构成。生活是一连串的故事，先要吸收理解，再加以重组改写。讲述故事的方式向来最能让人感同身受。本书谈到的心理学实验，都改以故事方式呈现，希望帮助读者掌握个中要义。

心理学实验主题类型繁多，若无长篇累牍，不可能全数囊括。本书限于篇幅，仅挑选 10 项心理学实验，加以探讨。这些实验直接触及若干与人类切身相关的议题：“**我们是谁？人类与其他动物有何不同？我们真能掌握自己的生命吗？何谓道德？何谓自由？**”今日环境已大不相同，这些实验与 21 世纪的我们还有何关联？现代神经心理学家可以直接观察老鼠的神经反应与连结，从生理层面了解其特定行为模式，斯金纳（B. F. Skinner）的行为理论还能带来什么启示？当年罗森汉（David Rosenhan）假扮精神病人，探讨精神疾病的诊断过程。在今天看来，这个实验宛如一出异想天开的黑色喜剧。时至今日，我们理当发展出更客观完备的标准用于诊断这些“疾病”。那么若再进行一次罗森汉的实验，结果会有不同吗？即使欠缺充分明确的病原学或病理学基础，我们是否仍能界定异常和正常？心理学有两项主要的研究方法，一是客观的统计归纳，二是主观的演绎诠释，这些方法算得上是科学吗？所谓科学，从某些方面看，不也是研究者的主观诠释？

早在 19 世纪末，现代心理学之父冯特（Wilhelm Wundt）设立了世界上第一所心理学实验室，实验室配备了各式各样的科学仪器，目的是以实证定量的方式研究心理学，科学的心理学自此诞生。然而种种实验显示，心理学这门学科先天不良，只有虚幻空泛的形体与松散连结的四肢。这个怪物在以后的一百多年间不断成长，时至今日，已经长成什么样子了？本书虽然不直接回答这个问题，但读者可以通过阅读书中这些实验，而对上述问题有一番深刻体会。

综观本书，读者可以发现，心理学研究日益偏重生物层面，这俨然是大势所趋。我们已经了解了神经元的内部机制，也知道基因如何通过影响蛋白质的组成，从而决定生理特征与思维能力。我们不仅能解释思想形成的过程与机制，也知道思想如何引发行为。

但人为何有思想？为何受特定思想左右？为何会记住或遗忘？这些记忆有何意义？对人生有何影响？对于这些问题，我们还没有令人满意的解释。换言之，我们可以用生理学观点界定记忆的本质，但这些本质最终会以何种形式呈现，带有何种意义，仍由个体所主导决定。

对我来说，描述这些实验等于是科学与艺术的写作练习。我不仅得知实验结果，也借此了解这些研究者的人格特质及因人而异的研究动机，以及实验过程中经历了哪些曲折才获得最终结果。我也看到这些资料在当时激起的反响，对后代的启发以及是否获得了应有的重视与应用。总之，本书让我得以回顾过去，思索未来。21 世纪的心理学会有什么样的发展？我心中已略有概念。巴甫洛夫摇着铃，外科医师继续深入探究复杂的脑部。

现在，请翻到下一页！

GREAT PSYCHOLOGICAL EXPERIMENTS OF THE TWENTIETH CENTURY

目录Contents

第1章

打开斯金纳箱

斯金纳与新行为主义

斯金纳是美国新行为主义的代表人物。放眼20世纪，招致最多抨击与非议的心理学家，非他莫属。他的动物实验不仅广为人知，也让世人见识到“报酬”(rewards)与“强化”(reinforcements)对于塑造行为的重大影响，同时奠定了他在心理学界的领导地位。

1904年3月20日，斯金纳生于美国宾夕法尼亚州东北部的一个车站小镇。他从小就喜爱发明创造，富有冒险精神。15岁时，斯金纳曾与几个小伙伴驾独木舟沿河而下，漂流300英里。他还试制过简易滑翔机，曾把一台废锅炉改造成一门蒸汽炮，把土豆和萝卜当炮弹射到邻居的屋顶上。

斯金纳在实验中设计出研究操作性条件反射的实验装置——“斯金纳箱”，巧妙地安排食物、控制杆等刺激，使老鼠受到情境暗示，进而出现我们原本认为是自主自发的反应。斯金纳因而认为，人类向来珍视的“自由意志”其实并不存在。他主张通过正强化作用来训练人类或动物完成指定的任务，即所谓的“操作性条件反射”。他毕生致力于钻研操作性条件反射理论，务求其周延完备。

你也许听过“斯金纳”这个名字，这个名字好像注定要遭人厌恶。叫这个名字的人仿佛生性就该残忍，他一手拿刀，一手抓鱼，毫不留情地刮去鱼鳞，只见鱼身几近透明，内脏依稀可见，他顺手把鱼丢入滚烫的油锅，热油四溅，噼啪作响。

现实中的斯金纳，满头花白乱发，对心理学极度狂热。据说他曾将还是婴儿的女儿养在实验箱里，训练她学会各种技能，好像马戏团里训练海豹用鼻子顶球。斯金纳一心想“塑造”人类行为，这与纳粹所为颇有异曲同工之处。他以齿轮、箱子、按钮组成实验装置，依据严密准则给予强化物，操控动物行为。人性在他的手中化为乌有。

我曾调查过20位拥有本科学位的民众，请他们说出对“斯金纳”的看法。其中有15人形容他“恶毒”、“邪恶”。10人提到他把女儿养在箱子里的实验，虽然没有人知道小女孩的名字，但他们却信誓旦旦地说，女孩因父亲的实验而身心受创，后来她在旅馆房间以手枪和绳索结束了生命，细节就不清楚了。我们知道，女孩名叫德博拉（Deborah），斯金纳想训练她，所以把她关在箱子里整整两年。在这个狭窄的方形空间里，装设有响铃、食物托盘及各式机关，斯金纳还会适时地给予惩罚与奖赏。

他站在网架后观察女孩的进步。女孩长大后饱受精神疾病的折磨，31岁那年，她向法庭控告父亲虐待，但败诉了，最后她在蒙大拿州比灵斯市一家保龄球馆举枪自尽。枪声响起，似乎宣告行为主义的全盛时代就此结束，此后的批评质疑始终未见消退。

1960年，斯金纳接受传记作家伊凡斯（Richard I. Evans）访问时，坦承自己在社会改造方面的成就与法西斯主义的兴起不无关联，且可能成为独裁者的工具。我们还是忘记他这样的人比较好，但我们做不到。1971年，《时代周刊》将斯金纳誉为当代最具影响力且尚存于世的心理学家；1975年，一项研究称他为美国最著名的科学家。时至今日，他的实验仍受到诺贝尔心理学奖得主的推崇，他的发现依然适用。他到底做了什么？

我在搜寻引擎中输入关键词"斯金纳"，成千上万的资料出现在眼前。有位愤怒的父亲谴责斯金纳害死了一名无辜儿童；某个网站首页以骷髅图片搭配俄裔美国女作家兰德（Ayn Rand）的言论，"斯金纳极度憎恶人类的心智与道德，此种意念偏执强烈，终至自取灭亡，到头来只剩下灰烬与若干呛鼻的煤块"。一句"德博拉，我们的心与你同在"算是纪念已于20世纪80年代过世的德博拉。还有一行红色小字写着："斯金纳之女德博拉的相关资料，请点此处。"我照做了，看到一张棕发中年妇女的照片，图释写着："我是德博拉，谣传说我已经自杀身亡，其实我还活着。斯金纳的箱子并不像你们所看到的那样，我父亲也不是你们所想的那样，他是位聪明的心理学家，也是位慈爱的父亲。我只想破除那些不实的传说。"

种种传说、故事，到底有几分真实性？也许要想了解斯金纳的实验，关键在于能否详查细究，我们不能把事实与争议混为一谈。心理学家兼史学家米尔斯（John A. Mills）曾说："斯金纳是个神秘人物，他被一层层的谜题包裹着。”

我决定循序渐进，一步一步解密斯金纳。

对心理学无比失望的斯金纳

斯金纳生于1904年，这点毋庸置疑。除此之外，他简直集所有矛盾于一身。他是美国行为主义的先锋，个性严谨，工作时书桌上必定一片混乱，休息的地方是一间明亮的黄色的小卧室。他谈到自己的生平时说:“许多平凡无奇的琐事，却造就了重大改变，实在神奇……我从不认为生命在我掌控之中。”但他在著述中常自比为上帝，在某种程度上，也算是“人类的救世主”。

在哈佛大学念书时，斯金纳认识了一位女孩，后来成为了他的妻子。每到星期五晚上，他们会开着黑色敞篷车，前往缅因州蒙希根岛上的海鸥湖，沿路听着爵士蓝调音乐。一到湖边，两人脱掉衣服，跳入水中，让瘦削的躯体感受湖水的拍抚，呼吸着夜晚的冰凉空气，仰望夜空中皎洁的明月。我还在图书馆地下室找到一份布满灰尘的文献，里头说斯金纳每次训练鸽子后，会将它们放到笼子外，让鸽子站在他手上，用食指轻抚鸽子的头。

1928年斯金纳进入哈佛大学心理学研究所。不过他最初的志向却是成为小说家。他在家中阁楼闭关18个月，致力于写作。他为何从写作转为研究强化作用，虽然确切原因我们不得而知，但他提到过他23岁时曾在《纽约时报杂志》（*New York Times Magazine*）上读到英国科幻小说大师威尔斯（H. G.Wells）的文章，威尔斯在文中写道，如果在俄国科学家巴甫洛夫与爱尔兰作家萧伯纳之间只能救一人，他会选择前者，因为科学比艺术更能拯救世界。

当时的世界确实需要拯救。第一次世界大战结束将近10年，越来越多经历残酷战争的退役军人身心受创，深受幻觉与抑郁折磨，精神病院人满为患，迫切需要其他新的治疗方式，舒解这一窘境。当时精神分析风靡一时，治疗方式是让精神病患躺在皮革沙发上，追忆过往，挖掘陈年琐事。那时的心理学界由弗洛伊德称霸，而学识地位崇高的美国心理学家詹姆斯（William James）写的《宗教经验之种种》（*The Varieties of Religious Experience*）旨在探讨内在精神状态，书中完全没有任何公式。斯金纳初入心理学界时，这门学问与数学全然无关，与哲学相通之处多过生理学。当时的心理学首要回答的问题应是：人类具有何种本质，让我们意识清醒时能观看、感受、思考；沉睡时暂停一切，死后便万事皆空了？

斯金纳最先接触到的心理学，就等于内省①、唯心论的同义词。这位削瘦的年轻人，顶着头盔般夸张的油亮卷发，湛蓝的双眼好像景泰蓝瓷盘碎片。他所写的文章透露出想改变世界的愿望。他认为世间万物不只要用心去感受，更要亲手去碰触。第一次世界大战刚结束，第二次世界大战正山雨欲来，置身这样一个时代，斯金纳也许已“感受”到，若想改变心理学界、产生重大的影响，必须采取行动。他一定会抗议我用“感受”这种虚幻的词汇来形容他。自此他刻意摒弃一切“虚无”的事物。他改修生物学家霍格兰（Hudson Hoagland）的生理学课程，研究青蛙的反射作用。他用针刺青蛙光滑的皮肤，测试青蛙腿部抽搐与跳跃的动作。尽管弄得双手黏腻，但他却兴致勃勃。

① 心理学概念，观察自己心理活动的过程，用以发现支配心理活动的规律。——译者注

“斯金纳箱”的诞生

斯金纳刚进哈佛大学不久，便参与了一场在爱默森楼举行的心理学研讨会。现场他看到各式各样的仪器、锡片、锯子及放在锡制盒子里的钉子、螺帽，一时技痒，打算做一件伟大的杰作。斯金纳向来手巧，善于操弄工具，且以精准闻名。他在一家小型工厂中，以废弃的电线、生锈的铁钉、发黑的金属片，打造出那个家喻户晓的箱子（如图 1-1 所示）。

图 1-1　斯金纳箱

斯金纳预料到他这项作品会对美国心理学界造成巨大的冲击吗？他是将心中构想付诸实践，还是任凭灵感恣意发挥？最后，当他看到这个由锡片和线圈组成的作品时，自己都忍不住惊叹！这个箱子以压缩空气为运转动力，由各式零件齿轮组成机械装置，可依实验者设定，释放出特定的奖惩物。尽管这个箱子看似平淡无奇，但很快就成为众所瞩目的焦点。此时，斯金纳说道：“（我）心中迸发出莫名的兴奋，这里的每样东西都让我联想到更多崭新可行的研究主题。”

深夜里，斯金纳阅读着两位心理学大师的著作，俄国心理学家巴甫洛夫对他影响最为深远，创立行为学派的美国心理学家华生就稍显逊色了，但仍有其重要性。巴甫洛夫以研究为志向，几乎以实验室为家，他偏爱以金丝雀为被试，投入多年时间研究唾液腺，他发现唾液腺反应可能会受铃声控制。斯金纳对此极感兴趣，不过他想研究的不只是这层薄膜，而是整个有机体。唾液腺还不够迷人。

巴甫洛夫的发现称为经典条件反射（classical conditioning），简言之，即动物既有的本能反应，如：眨眼、惊吓、流口水等，可用人为的方式加以控制，使其伴随新刺激出现。在巴甫洛夫著名的实验中，铃声是新刺激，狗听到铃声，就想到食物，所以一听到铃声就会流口水（如图1-2所示）。时至今日，我们或许不觉得这有什么了不起，但这项发现当年广受各界瞩目，讨论的热烈程度不逊于原子融合、太阳位置恒定等重大科学突破。在此之前，人类从不知道，许多我们认为受心智主导的反应其实与生理学有着密切关系，我们以前总以为与生俱来的动物本能无法改变，事实上却具有高度可塑性。巴甫洛夫流口水的狗，颠覆了长久以来被你我视为理所当然的两个观念。

图1-2 巴甫洛夫的经典条件反射实验

斯金纳在房中沉思，箱子里空空荡荡，目前名声还未传开，或者说还没那么臭名昭彰。哈佛校园里松鼠随处可见，斯金纳看着松鼠，心想既然可以控制特定的腺体，那么可否控制整个生物体呢？人类是否会主动形成某种非反射行为，亦即斯金纳后来所称的“操作行为”？不论控制与否，分泌唾液都是反射作用，除了由铃声引发以外，整个动作全然出于本能反应。然而诸如人类雀跃高歌，老鼠按压杠杆以取得食物之类的行为并非本能反射，而是有意识的行为，是根据环境而做出的行为。如果反射动作可以被控制，那么一般被认为出于自由意志的行为也有可能被控制吗？例如，要某人把头向右转，且持续给予奖赏，不久之后，此人是否就会牢记这个动作，持续向右看？若有这种可能，那么哪些行为可以比照办理呢？我们能像马戏团的动物那样，轻松优雅地跳过火圈吗？这些问题盘据着斯金纳的脑海。我想象他的双手来回比画，偶尔倾身探头到窗外。松鼠皮毛混合了花香，让夜空弥漫着一股若有似无的麝香味。

斯金纳老鼠的新本领

那年6月，有位同学把实验鼠送给斯金纳。他把老鼠放到箱子里，实验就此展开（如图1-3左）。经过很长一段时间，事实上是好几年，他发现这些大脑如豆子般大的老鼠，为了取得作为奖赏的食物，可以很快学会按压控制杆。巴甫洛夫强调前刺激（prior stimulus），即事先出现的铃声，会让动物产生何种反应。斯金纳则注重结果（consequence），即事后给予食物，对动物的行为有何影响。

斯金纳的实验和巴甫洛夫早期的研究差别不大，结果并不令人意外。美国心理学家桑代克（Thorndike）也曾做过类似实验，关在木箱里的猫偶然踩到某个踏板，而获得一些奖赏，之后它便会刻意去踩踏板。斯金纳的实验明显沿袭自桑代克。然而斯金纳的成果远超过这两个人。他首先让老鼠意外踩到控制杆，掉出食物颗粒，原先无意间的举动遂转变为刻意的行为。斯金纳进一步实验，将奖赏移除或改变出现频率，观察这对老鼠行为有何影响，最后他终于归纳出放诸四海皆准的人类行为定律，至今依然颠扑不破。

一开始只要老鼠压杆，就可以得到食物，后来斯金纳改变他所谓的固定比例（fixed-ratio）的奖赏。老鼠若要获得奖赏，必须压杆 3 次、5 次，或是 20 次。想象自己是只老鼠，一开始每次压杆都有东西吃。接着你压一下控制杆，没有食物，再压一次，还是没有东西，你又压了一次，银色喷管里终于掉出食物，你吃掉食物后走开。过一会儿，你又想吃东西了，这回你不需用脚爪按一次停一下，一口气连按三次就好了。强化物出现的频率改变了动物的反应方式。

除了固定比例的奖赏，斯金纳也尝试把奖赏移除，观察结果。奖赏移除的实验中，斯金纳移除所有的强化物，最后他发现如果他停止给老鼠食物，老鼠逐渐不去压杆，最后就算听到喷管里有东西沙沙作响，它们也无动于衷。斯金纳又开始思考：老鼠在固定比例奖赏情境下，学会新反应需要多长时间？奖赏突然移除后，经过多久才会停止这种反应？于是他在箱子上设置记录器，精确测量在不同情境条件下的频率变化，并绘制图表，获得具体数据。这些资料不仅显示有机体的学习模式，也可作为预测并控制学习结果的依据。可以预测、掌握行为反应，辅以正态分布曲线、各式图表、统计数据，才能建立真正的行为科学。能够事无巨细、面面俱到者，斯金纳是第一人。

从老鼠到鸽子，到兔子，再到人

斯金纳并未就此停止。他进而研究其所谓的不固定的强化（variable schedules of reinforcement），且获得了最为重要的发现。他改变压杆获得食物奖励的比例，多数时候老鼠空手而回，但也许在压杆第 40 或 60 次时，突然获得食物奖励。一般人直觉地认为，随机且间隔如此长的奖赏，会使老鼠对获得奖赏不抱希望，致使压杆行为消失。事实却并非如此。斯金纳发现，间歇给予食物奖赏的方式，反而让这些老鼠像染上毒瘾一样，不断压杆，不论能否得到奖赏。斯金纳还将固定比例（如压杆4次就给予食物）与不规则的间歇奖赏进行对比，他发现奖赏间隔不规则的情境下，消除既有行为需时最久。啊哈！斯金纳就此打住。这项发现和巴甫洛夫发现狗听到铃声会流口水的意义一样重大。我们突然想起人类各式各样的愚蠢行为，原来都有一定模式可循。为什么我们做出许多蠢事，即使得不到回报，仍旧执迷不悟？为何我们的好友会痴痴守在电话旁，苦候恶劣男友偶尔心血来潮打来的电话，居然还觉得这是莫大的恩惠？为什么有人身心健全，却在烟雾弥漫的赌场里散尽家财，终致身败名裂？为何女性总是爱得不能自拔，男性总喜欢玩股票？斯金纳让我们知道，这一切都是间歇性强化（intermittent reinforcement）在作祟，也让我们看清其运作过程及随之产生的强迫作用（compulsion）。这种心理作用威力惊人，自有人类以来，无人不受其影响。我们深陷其中，无法自拔。

斯金纳并未就此停止。若能训练老鼠学会压杆，为什么不训练鸽子打桌球或滚球呢？人类虽然可以塑造其他生物的行为，但塑造行为是否有极限呢？斯金纳这样描述他如何训练鸟儿叼盘子："一开始，不管鸟儿在笼里何处，只要头转向盘子，我们就给它食物，以此提高转头的频率。然后，它必须靠近盘子，我们才给奖励，接着它得把头向前微倾，最后除非它用嘴碰触盘子，否则就不给奖励。用这种方法，即使动物天生不具有某种技能，我们也能通过训练使其从事这些少见而复杂的操作行为。"（如图1-3右）这些行为确实罕见。斯金纳还用同样方法训练兔子把硬币投入钱筒，教猫咪弹钢琴，教小猪使用吸尘器。

此时他再以这些实验为基础，修正那套冷冰冰的理论。置身会啄拾盘子的鸽群中，他开始痛恨某些字眼，如"觉察"、"感受"、"恐惧"。我们所谓的恐惧，不过是皮肤出现如触电般的反应及不由自主的肌肉颤动。他全心全意想让自己变得客观无情，日常生活都离不开强化作用。

他不对妻子说“我爱你”，而是说“谢谢你今天给我正强化”。她终生陪伴斯金纳，真了不起。他所提出的观点不仅大胆前卫，而且从某些方面看，或许还能激励人心。斯金纳先否定人类能够自主，同时赋予自主一词全新的含义，让人们再度对此充满希望。斯金纳认为，绝对服从造就出极端自由。根据他的构想，人类若能放空思想，全然接受机械式的训练，就能超越所有生理的限制，学会原本不属于人类的行为。鸽子若能打乒乓球，人类就应该能学会更惊人的技能。只要有正确的训练，人类就能跨越身体的界限，无所不能。

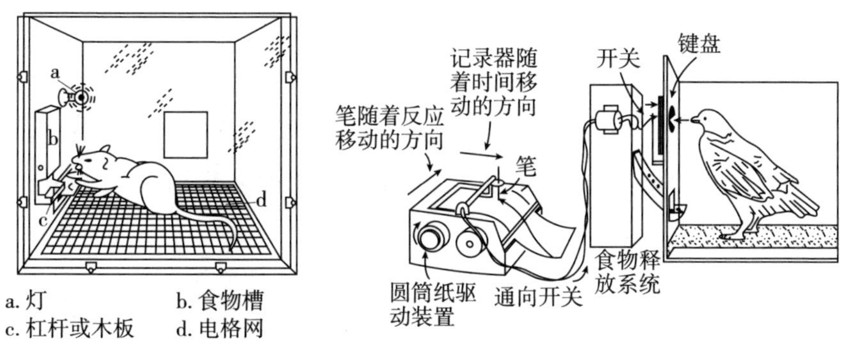

图 1-3 斯金纳的老鼠与鸽子实验

斯金纳逐渐声名远播。他发明教学机，以操作性条件反射的观念建构学习语言的理论，在第二次世界大战中，他还训练鸽子控制发射飞弹。他撰写了《沃尔登第二》(*Walden Two*)，书中描绘了一个以“行为工程学”(behavioral engineering)建构的人类社群，以正强化原理控制人类的行为。斯金纳认为，理想社会的管理者不应该是政治人物，而是宅心仁厚且掌握各种实质与精神奖赏的行为学家。他的另一本著作是《超越自由与尊严》(*Beyond Freedom and Dignity*)，有篇书评写道：“这本书告诉我们如何以驯服狗的方式来驯服人类。”

斯金纳还来不及总结其实验对社会产生的影响，便于 1990 年因白血病去世。人生走到尽头时，他是否了解到，生命的最后一幕——死亡，是无法学习或克服的？如何为斯金纳定位？他的实验揭露出让人震惊的事实，其成就不容抹杀。

自信、怪诞的凯根教授

哈佛大学心理学教授凯根（Jerome Kagan）与斯金纳年龄相仿。对这位同事，凯根有说不完的回忆与评论，他对斯金纳的成就及其在 20 世纪的地位有着独到的见解。我前去拜访他。

凯根博士的研究室位于威廉詹姆斯楼，当时这幢正在施工的大楼宛如一座水泥迷宫，我在里头穿梭绕行，我搭电梯上楼。整栋建筑弥漫着一种让人不由得肃然起敬的气氛。地下室存放着许多手工制品，“斯金纳箱”应该也在其中。

电梯来到 15 楼，门一打开，一只小黑狗坐在电梯门前，我还以为自己眼花了。这只像玩具的迷你狗，全身长着黑色长毛，嘴巴微张，隐约可见一抹红色。它一直瞪着我，好像站岗的卫兵。我喜欢狗，但不偏爱小型狗。也许是小时候我曾被小型狗咬过，受此负面经验影响，我不喜欢这种狗。后来我可能因为得到什么奖励，而消除了这种影响，所以现在才会又喜欢小狮子狗胜过牧羊犬了。什么原因并不重要，总之，当我弯腰轻拍这只小狗时，它似乎感受到我潜意识中的厌恶，马上发出一阵狂吠，露出一排不像玩具的利齿，突然跳上前想咬住我的手腕。

有位女士从某间研究室跑出来大喊：“甘比，不要叫了！噢，天呀！你还好吧？”我回答：“我还好！”但我一点都不好。我全身发抖，因为刚受到负强化，不对，是受到惩罚才对。我再也不相信小型狗了，绝不相信！斯金纳会说他能改变我的这种感受。但我能改变到什么程度？

凯根教授抽烟，研究室里弥漫着浓浓的烟味，这是一股甜中带酸的味道，好像琥珀燃烧的气味。他言谈间展露出充分自信，果然是常春藤名校出身的气派。他说："你这本书的第 1 章的主角不该是斯金纳。20 世纪初的巴甫洛夫及 10 多年后的桑代克，率先以心理学实验指出条件反射的力量。斯金纳的实验只是这两人的延伸。再者，他的发现无法解释思想、语言、推理、比喻、创意之类的认知现象，也不能解释内疚或羞耻。"

我说："斯金纳根据实验结果推论出人类没有所谓的自由意志，纯粹受强化物控制的观点，你认同吗?"他反问我："你认同吗?"我说："嗯，我觉得受外力操控和自主自发都有可能。人类的自由意志可能是对某种暗示的反应……"我还没讲完，他就钻到办公桌下。我眼睁睁看着他突然起身，钻进桌子底下，消失在我眼前。他大喊："你看，我现在人在桌子下。我从没这样做过。我这样做，难道这不是出于自由意志?"

我眯起眼再看，他还是没坐回椅子上。办公桌下传来一阵窸窣声。我开始有点担心，先前我打电话来联系访谈事宜时，听他提过有背痛的毛病。我说："没错，这种行为可能出于自由意志，或是您……"此时我突然感到害怕，脚底窜起一阵寒意。这次他又不让我说完，依旧躲在桌下，看来并不打算出来。他躲在桌下，接受访谈。我看不到他，只听到他提高音量说话，感觉很虚幻。

他说："我待在桌子下的行为百分之百出于自由意志，你不可能有别的解释。这并不是任何强化物或暗示引发的反应，况且我从未这样做过。"我说："你说得对。"他在桌子下，我在椅子上，我们这样对坐大约 1 分钟。我隐约听见外头走道上那只恶狗四处乱抓的声响。我不敢回到走廊上，但也不想留在这里。我左右为难，不知如何取舍，只得呆坐原地。

众说纷纭，行为主义的至尊

谈到斯金纳的贡献，凯根似乎抱有些许贬抑态度。斯金纳的实验即使并非原创，但时至今日仍有其重要性，也有助于建构更美好的世界。20世纪五六十年代，公立精神病院将斯金纳的行为理论应用于重度精神病人。例如，病人每举起汤匙吃一口饭菜，就能得到一根渴望已久的香烟，操作性条件反射原理让治愈无望的精神分裂症患者学会自己更衣进食。20世纪后期，临床学家也依据斯金纳操作性条件反射理论，有系统地使用脱敏法（desensitization）①、满灌法（flooding）②等技术，治疗恐惧症与焦虑症患者。这些行为疗法目前仍广为应用且效果显著。哈佛大学心理学教授考斯林（Stephen Kosslyn）说："斯金纳的学说将会卷土重来，我衷心信服斯金纳。他的实验显示行为与某些神经基质关系密切，近来不断有许多新鲜有趣的科学研究结果印证了其论点。"考斯林向我解释了这些新发现的证据。人脑具有两大学习系统：一是基底神经节（basal ganglia），二是前额叶皮层（frontal cortex）。基底神经节由绵密网状的神经突触构成，位于脑部深层，是脑部发育较早的部分，掌管习惯的成形。前额叶皮层是一大片布满皱褶的突起部位，个体的思考或情绪的产生会涉及该区域。神经科学家推断，前额叶皮层主管人类独立思考、想象、根据以往经验拟定计划的能力，创意及后续的实际行动就源于此区。但是考斯林说"只有部分认知能力受前额叶皮层掌控"，其他学习过程"多数受习惯驱使，斯金纳的实验引导我们找出了形成这些习惯的神经基质"。简言之，斯金纳将科学研究方向转移到基底神经节。他深入大脑底层，仔细检视复杂的神经系统，找出神奇的化学物质，这种物质

---

① 运用治疗过敏疾病的原理，让病人逐步接近并习惯所畏惧的事物，逐渐消除心中的恐惧。——译者注

② 让个体反复置身于使其产生巨大焦虑的情景中，直到这种焦虑消失为止。——译者注

可以控制一切生物，让鸟类啄食、老鼠压杆，让我们在炎炎夏日的青草地上翻滚。

实验心理学家波特（Bryan Porter）运用斯金纳的行为理论来处理交通问题。他说："斯金纳的行为理论既不惊人，也未过时，甚至促成了许多有益社会的措施。比如，塑造行为的技巧已经有效降低了危险驾驶的比例，使闯红灯的比例减少 10%~12%。此外，斯金纳让我们知道，人类对奖赏的反应优于对处罚的反应。他的塑造行为的技巧帮助为数众多的焦虑症患者克服甚至消除焦虑。多亏有斯金纳，我们才知道奖赏比处罚更有助于建立良好的行为。政府若能采纳这种观点，对政治必能产生重大影响。"

斯金纳让父母们痛并快乐着

夜里我女儿突然号啕大哭，她满身是汗，瞪大眼睛。我把她叫醒，可怕的梦境消逝无踪。我把她抱在怀里安抚："不哭，不哭！"她的睡衣湿透了，头发凌乱纠结。我轻抚她头顶的囟门，这里的缝隙几年前就已闭合。我轻抚她的前额，底下的前额叶皮层神经元网络蓬勃生长；我再触摸她颈部，紧绷的肌肉下是海藻般纠结的基底神经节。我一整晚抱着女儿，卧室外头不时传来狗吠，我探头往外看，一只全身雪白的狗沐浴在银白的月光下。

一开始，她是因为害怕而哭，可能是做噩梦。她才两岁，她的世界正急剧拓展。这样过了几个夜晚之后，她只要想让人抱，就放声大哭。她已经习惯有人在星星点点的夜里抱着她，坐在摇椅上晃动，哄她入睡，直到天亮。这可把我和老公累坏了。

我说："也许该让斯金纳来改变她。"他说："你说什么？""我们该用斯金纳的理论来改掉她的坏习惯。每次我们过去抱她，她就得到了斯金纳所说的正强化。要消除她这种行为，我们先要减少抱她的次数，到最后，完全不理她。"我们俩躺在床上讨论这件事。我这么快就采纳了斯金纳的观点，像专家一样侃侃而谈，这让我相当意外。用斯金纳的观点谈这件事还挺有趣的。我们将不再手忙脚乱，可以安心休息了。

我丈夫疲惫地说："你是说我们就不管，让她哭个够吗？"为人父母应该很了解这种两难的心情。我说："不是完全不管。我们循序渐进，逐渐减少强化，且严格执行。例如，第一次哭，我们抱她三分钟，第二次哭，只抱两分钟。甚至可用秒表计时。"我越说越激动，不知是兴奋还是焦虑！我又说："我们让她哭久一点才去抱她，慢慢加长她等待的时间，每次都让她多等一会儿。这样，等最后我们不再抱她时，她也会停止哭闹。"我边说边抚摸着绿色格状花纹的床单，以前看起来颇有乡村气息的棋盘图案，现在却像实验室的壁纸。

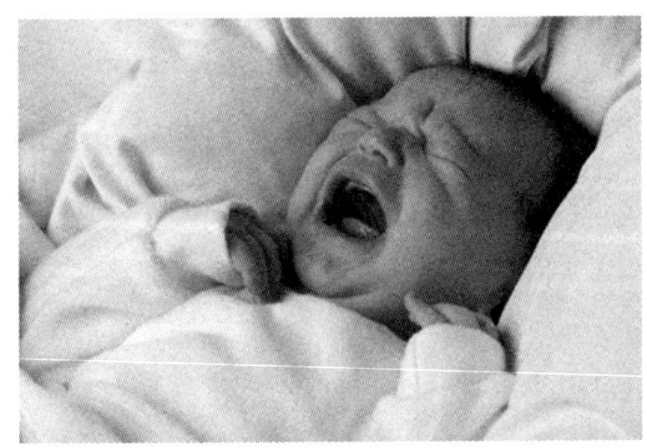

哭泣的宝贝

我丈夫瞪大眼睛，略显疲惫。他讲话轻柔，感情细腻，他不是心理学家，如果是的话，他也应该是人文主义心理学家罗杰斯（Carl Rogers）那一类型的。他说："这样做好吗？你觉得我们这样做可以教她什么？"我说："教她自己睡，一觉到天亮。"他说："或者她会发现，当她需要帮忙时，我们不理不睬；她遇到危险，不管是想象的或现实的，我们都不会陪她面对。我不想让她这样看世界。"

不过我还是赢了。我们决定要让斯金纳来改变她，因为我们需要休息。一开始这样做很残忍。听她哭喊："妈妈，妈妈！爸爸！"看着她伸出柔嫩的双臂，我们却将她放回婴儿床。我们还是这样做了，结果宛如魔术一样，或者说是科学吧！不到 5 天，小朋友就像训练有素的嗜睡症患者，一把她放回婴儿床，脸一碰到床单，她就熟睡 10 个小时，我们终于可以夜夜安眠了。

就这样，每天晚上都很安静。不过有时候，我们俩反而会睡不着，心想：监视器开了吗？音量调得够大吗？奶嘴会不会堵住她的喉咙，让她窒息无法出声，而我们还以为她睡得香甜？监视器里偶尔传来她的呼吸声，好像微风缓缓吹过。我们没听到过奇怪的声响，比如尖叫、傻笑或梦话。但想到她曾经莫名其妙地差点窒息，我们就很难睡得安稳。而此刻，她睡得很香，在那个白色的婴儿床中。

把斯金纳看成两个人

哈佛大学至今仍保留若干斯金纳当年用过的实验箱，存放于威廉詹姆斯楼的地下室。我想看看这些箱子，于是再度造访了仍在施工的大楼。我戴着坚硬沉重的黄色安全帽往下走。一股霉味扑鼻而来，嗡嗡作响的黑色小虫在空中飞舞，宛如各有用途的神经元突触。墙壁布满凹孔，用力一碰，就有细白粉末落下。我抬起头，砖墙上有一大片深色污渍，也可能是阴影。为我带路的工友向前一指，说："就在那里。"

我往前走，地下室里一片幽暗，隐约可见数个大型的玻璃展示柜，里头摆着某种动物的骨架。

我把目光从标本移到斯金纳箱。第一眼看到它们，让我颇感意外。骨架让我感觉阴森诡异，和斯金纳在公众心目中的形象配合得恰到好处。但此刻我眼前的这些箱子，就是名声显赫的斯金纳箱吗？箱子不是黑色的，而是毫不起眼的灰色。我从哪些资料中得知箱子是黑色的？或只是我混淆了事实与传说，编造出这些诡异古怪的东西？这些箱子看似不甚牢固，外头附有绘图仪器的纸轴及训练用的小型控制杆。里头的迷你踏板，说可爱也不为过，喂食盘材质则是常见的铬金属。我打开箱子，探头进去，一股奇特的味道扑鼻而来，仿佛还留有饲料与羽毛混杂的气味，让人不禁害怕想逃，却又想一探究竟。前一刻看似平常无害的箱子，转瞬间散发出诡异的气息。要突破对这箱子的恐惧，竟如此不容易！

也许要正确理解斯金纳，就得把他看成两个人。有一个斯金纳是生性残酷的思想家，企图以训练宠物的方式训练人类，建构社会。另一个斯金纳是科学家，提出了一个可以恒久改变人类行为的看法。斯金纳提出无懈可击的资料数据，证实间歇强化的力量，告诉我们哪些行为可被塑造、强化、消除。然而斯金纳也提出具有争议性的观点，这应该是使他饱受攻击的主要原因。科学现象与其衍生观点，两者关系错综复杂，一般大众往往将之混为一谈，我也不例外。然而我们评断这些资料是否重要时，真能完全不考虑其可能对社会产生的作用吗？我们能够只想着如何分割原子，而不管这种技术可以制造核武，导致尸骨遍野的惨状吗？因此科学发现的价值必然与其实际运用有关。我们就在两者之间不停兜圈子。这是语意、句法的谜题，更是道德层面的重大课题。

斯金纳用以评估测量资料价值的手段饱受争议。我想了解究竟他采用了哪些手段，得到的却是种种荒诞的传言。有些是关于他已过世的女儿（事实上仍健在）的遭遇，有些将斯金纳箱描述为恐怖黑箱，将他形容成没有人性的科学家。这些飞短流长为何凌驾于科学主题之上，或许是因为我们对这位奇人的微妙观感所致。斯金纳先立志从事散文写作，然后转向科学研究，他让老鼠、鸟儿任其摆布，却未继续深入探究。他研究青蛙的反射动作，实验过程极为机械化，但同时他所哼唱的却是瓦格纳谱写的、充满细腻情感的乐曲。斯金纳集这些复杂特质于一身，谁都会对他印象深刻。他自己也应该负起部分责任。某位不愿透露姓名的消息人士表示："他太贪心了。他发现一项原理，就想应用到全世界，这必然会撞上暗礁。"

不过，让我们产生误解的不只是他的野心。西方思想表面上标榜人生而自由，私底下却怀疑这种自由究竟有多稳固。斯金纳设计的实验与仪器,公然挑战此一矛盾思想。许多人喜欢自我安慰,认为在工业化时代，实在没有必要忧虑这种事。但这种疑虑由来已久。古希腊时代，俄狄浦斯（Oedipus）对上天悉心安排的命运愤慨不已。古往今来，人类一直忧虑是否真能掌控自我行为，如果答案是肯定的，那么可以掌控到何种程度？这个方形容器是斯金纳的杰作，装载了深沉古老的疑虑，历久弥新，它让 20 世纪工业发展的荣景蒙上了一片阴影。

箱子里长大的女孩

看过这些档案资料，离开前我去了另一个地方，看那个他生死成谜的女儿德博拉幼时曾生活在里头的斯金纳箱。当初的那个箱子已遭拆解，不过在 1945 年出版的《妇女家庭月刊》（*Ladies' Home Journal*）可以看到这项发明的照片及一篇相关报道。一般科学家若想提升学术声望，《妇女家庭月刊》并非发表论文的首选。然而斯金纳将其科学研究发表在属性迥异的女性杂志上，也显示出他欠缺公关技巧。

文章标题下方是一张照片（如图 1-4），还是婴儿的德博拉坐在树脂玻璃做成的箱子里，笑容天真，双手扶着隔板。往下细读，我发现这个箱子简直就是高级的游戏床。小德博拉每天待在里头几个小时，箱里温度恒定，不需担心过热导致尿布疹、着凉引起鼻塞等问题。由于温度调节精准，婴儿不需盖被，也没有窒息的危险，这样的生活环境让所有母亲可以放下顾虑。斯金纳以特殊材质包裹箱子，可以吸收臭味与湿气，清理时间可以减半，母亲便有余暇从事其他活动。在免洗尿布问世前，这项发明堪称主妇们的一大福音，即使称不上伸张女权，至少也相当人性化。此外，斯金纳营造出关爱友善的环境，孩童置身其中，无须担心遭受危险，若是跌倒也不会受伤，因为每个角落都有护垫包裹。换言之，斯金纳想用这种只提供奖赏的环境训练孩童，培养自信的态度，相信自己能操控周遭环境，并以此探索世界。

斯金纳的动机就算不是什么高尚情操，也绝对是出自善意，足以跻身人道主义者之列。然而斯金纳竟将这项发明命名为子女控制机（Heir Conditioner），故事自此急转直下。他这么做，就算不让人退避三舍，也绝非明智之举。我想确认斯金纳的女儿德博拉是否还活着，所以上网查询，许多相关资料映入眼帘，我逐一致电确认这些德博拉的身份，但他们都不认识心理学家斯金纳，都不是我要找的人。我找遍美国各地，就是找

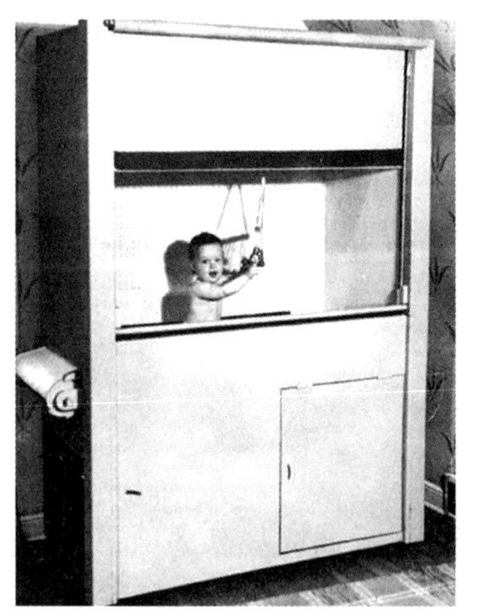

图 1-4　斯金纳的子女控制机

不到这位德博拉。就连传闻中她自杀的地点蒙大拿州比灵斯市，也找不到她的死亡记录。但网上各种资料汇集，构成了绵密的网络，尽管几经波折，我终究还是找到了斯金纳的另一个女儿，在西弗吉尼亚州大学教育学系任教的朱莉·瓦尔加斯（Julie Vargas）。我拨通了她的电话。

我先确认她是斯金纳的女儿，再告知她我的意图："我正在写有关令尊的文章。"电话那头传来锅盘撞击及菜刀切剁的声音。斯金纳的另一个女儿和那个传说擦身而过。此刻她远离众人的关注，在家把汤锅里的马铃薯煮熟，在旧砧板上把萝卜切成丝。她说："喔！你要写他什么呢?"我听到她语气中的质疑与防备。

"我的主题是重要的心理学实验，包括令尊的实验。"

"喔!"她没再说话。

"可否请您谈谈他是怎样的人？"

哐当！有人用力关上纱门。

我继续说："可否请您谈谈……"

她说："我妹妹还活着，现在很好。"我还没有问到这个问题，不过显然有许多人问过，她已不胜其扰。她很清楚，许多人之所以问起她的家人，都只是关心那些隐晦幽暗的传闻，根本不重视那项实验。我说："我在网上看过她的照片。"

朱莉说："她是艺术工作者，住在英国。"

我问："她和你父亲感情好吗?"

她说："噢，我们俩都和父亲很亲……"她停顿片刻，静默无语的片刻，她必定百感交集，回忆汹涌翻腾。她又说："我好想他!"

切菜声停止，纱门也停止碰撞，只听见朱莉在讲话。她满怀孺慕怀旧之情，毫无保留，宣泄而出。她说："他对小孩很有办法。他喜欢小孩，我妈就……"这句话没说完，她又说："我爸会做风筝给我们玩，我们住在蒙希根时，他会带我们去放箱型风筝，每年都去看马戏团表演。我们养了一只小猎犬，爸爸教它玩捉迷藏。他什么都能教。我们有会玩捉迷藏的狗，还有会弹钢琴的猫。那时真有意思……"

"你觉得他很了不起，对吗？"

她说："是的，他知道小孩要什么。"我问："他的实验招来许多批评，你有什么感觉？"朱莉笑了笑，听起来倒像是咳嗽。她说："这和达尔文很像。一般人觉得达尔文的观点惊世骇俗，造成危害，所以达尔文的理论遭到排斥。我父亲的观点同样让人备感威胁，但两者的重要性皆不容抹杀。"

我又问："你赞同他所有的观点吗？他说人类全然受反射作用所控制，没有自由意志，你同意这种说法吗？他对实验结果的诠释会不会太极端了？"朱莉叹了口气，说："你知道吗？父亲就是用错词了。每个人听到'控制'（control），就认定他是法西斯分子。他要是说，人类受环境暗示（informed）或启迪（inspire），就没有人会有意见了。"她又说："事实上，我父亲爱好和平，也宣扬儿童人权。他不相信任何惩罚，因为他从动物实验中知道，惩罚没有用。他还促使加州政府明令禁止体罚，但没有人记得这件事。"

她语调渐趋高亢，越说越生气："没有人记得！每一封来信他都会回。"她几乎是咬牙切齿："那些理应关怀世人的人文主义学者，只会哗众取宠、随波逐流。支持者的来信他们从不回，只因为太忙了，但父亲就不会用这个理由来敷衍他人。""呃，他不是这种人。"我突然有些害怕。朱莉有些情绪激动，为挚爱的父亲忿忿不平。

朱莉说:“问你一件事!”她的口气让我觉得这个问题非同小可，一定相当犀利，让我无法招架。朱莉说:“我问你一件事。请实话实说!”我说:“请问!”

“你看过他的书，比如《超越自由与尊严》吗?或者你也是道听途说，断章取义?”

我有点结巴，回答说:“嗯，我看过令尊的很多著作，相信我……”

她说:“我相信，不过你看过《超越自由与尊严》吗?”我说:“没有，我看的都是科学方面的论述，不是哲学方面的著作。”她回答我:“你无法区分科学和哲学!”接着她用母亲般慈爱的口吻，平和地说:“所以你得先做功课。等你做完功课，我们再谈!”电话那头再度传来切菜声，马铃薯、胡萝卜再度上场。

充满人文关怀的行为主义者

当晚，把小孩哄睡后，我拿起《超越自由与尊严》。这本书外皮破旧，满是折痕。我向来把这本书和希特勒自传《我的奋斗》(*Mein Kampf*)等独裁者的论著归于一类。虽然买了很久，却从没读过，现在终于要一探究竟了。

“情况持续恶化，眼见科技衍生出越来越多的后遗症，令人忧心。公共卫生与医药发展让人口控制的问题越发急迫。由于核武器的发明，未来若再发生战争，伤亡难以估算。只顾追求幸福的心态，会让污染问题日趋严重。”

这段文字写于1971年，然而经过30多年，若把这段话套用在戈尔(Al Gore)的竞选演说或绿党的党纲宗旨之中，也不会觉得过时突兀。

然而书中亦有不乏引人争议的观点，如："行为科学认为个体无法自主施展控制，且举证指出环境对个体施加的控制，从而否定了个体尊严与价值。"然而与其他相当务实的内容相比，这类叙述就显得无足轻重了。

斯金纳根据其实验结果，提出了符合人性的社会政策。他主张我们应当正确评价环境所施加的巨大控制（影响），而遵循特定方式建构环境，使其给予我们"正强化"，也就是要引导我们言行合宜，适应环境，发挥创意。斯金纳呼吁社会采取正向的暗示，引导人们表现出最好的一面，消除会导致困窘愧疚的负面情境，如监狱、贫穷。换言之，斯金纳主张停止处罚。谁会不赞成？让我们抛开文字的诡辩争论，看清楚实质的内容吧！

斯金纳说："当今世界的苦难源于战争、犯罪与其他危险事物，焦虑不会让人受害，情感只是行为的副产品。"这句话点出其反心灵思想的中心要旨。斯金纳坚持我们应重视的不是心灵，而是行为，也因此而饱受抨击。然而细究其内涵，其实无异于这句流传数代的格言："坐而言不如起而行"。

斯金纳认为，一个人若是言行卑微，那么内心必然也感觉卑微，但若内心自觉卑微，举止却未必会低声下气，倡导新世纪哲学的作家卡森斯（Norman Cousins）也持同样的看法。我们虽未必认同这个观点，但也不能为其扣上反人文主义的帽子。斯金纳稍后也提到，个体存在必与环境有关，绝不可能不受环境影响。一般人认为他所谓的环境影响就是外在的束缚限制，但也许他说的是那片让个体对世间万物有所反应的灰色网络？凯根博士当着我的面躲到桌底下，且信誓旦旦说他有自由意志，可以不受外在情境操控。也许他这样做是受某种他独有的潜藏习性左右。斯金纳认为，人类受制于诸多复杂纠葛的因素，而且也必须承受这些束缚限制。这种说法与近代女性主义学者吉利根（Carol Gilligan）不谋而合。吉利根曾说，人类生活在彼此依赖的网络中。这项事实不容否认，人类若不能认清事实，并以此建构道德规范，势必一再受挫。吉利根、米勒（Jean Baker Miller）等女性主义学者，从何汲取启示？她们在论述中不时反映出斯金纳的思想。也许女性主义心理学者私底下是斯金纳的信徒。不管怎样，我们一直低估了斯金纳。他还未能让我们接受他的思想，就已经遭到窄化、贬抑。

斯金纳留下的巧克力，淡淡的苦香

朱莉来波士顿出差，邀我到剑桥市欧迪路 11 号的斯金纳故居。他曾在此长住，直到去世。那天天气晴朗，我开车来到约定的地点。庭院里花木茂盛，紫色新芽高挂枝头。朱莉开门让我进来。她比我想象的年纪更大，皮肤仍细致有光泽。当年斯金纳长时间在实验室里工作，他不仅发现了老鼠具有绝佳的调适能力，而且找出了个人与群体紧密的联系。经过漫长一天的工作，他回到这里休息。操作性条件反射这个不带情感的词汇，其实反映了人类的双重角色。我们既是工匠，也是雕刻品；既是艺术家，也是艺术品；我们会有什么样的反应，其实都是自己所致。

这栋房子的产权仍属于斯金纳家人，目前居住者是斯金纳外孙女克莉丝汀一家人。朱莉带我下楼来到斯金纳的书房。多年前，他就坐在这里突然陷入昏迷，不久后便离开人世。朱莉打开门，我听见她语带哽咽地说："这里的一切都和他生前一样。"书房里有股霉味，墙边有个黄色隔间，斯金纳生前就坐在里头午睡、听音乐。墙壁上挂着德博拉和朱莉小时候的照片以及他们养的猎犬的照片。书桌上，一本厚重的书摊开摆放，正是斯金纳生前翻阅的那一页，他的眼镜收好放在一旁，还有一排维生素胶囊，他再也吃不到这几颗椭圆胶囊了。

那个阴天，救护车将他载走，不久之后，他被放入此生最后一个箱子里，那个箱子外表漆黑，由兽骨制成。我摸摸桌上的维生素胶囊，拿起一个玻璃烧杯，边缘还留有药物挥发后的蓝色物质。我应该闻到了斯金纳的味道，那是一股陈旧的奇特气味，混杂了人的汗臭、狗的唾液、鸟儿迅速转头的动作，还有若干甜味。接着我看到了斯金纳的札记，我看看上头的分类标签，写着："鸽子打乒乓"、"子女控制机实验"，还有一本放在最后，上头写着："我是人文主义者吗?"这个问题直截了当，或许还是一切问题的根源。这样一本札记，可见斯金纳也有相当脆弱的一面。

我们尽量轻声交谈，生怕惊动周遭保存完好的昔日景物。我问朱莉："可以看吗?"朱莉说："当然可以。"她把札记递给我。斯金纳的字迹凌乱潦草，我能看懂的并不多。约略看得出的是"为了人类福祉"，几句之后是"……维持生存，我们必须……"，最后一页写的是"我怀疑这样做是否值得，"札记的内页已经开始碎裂。我问朱莉："你打算将这些归档收藏，还是就放在这里?"书房里光线昏暗，她双眼炯炯有神，神情崇敬，环顾这个属于她父亲的圣地。我不禁想到，朱莉从不质疑斯金纳的所作所为，只有他给的暗示才能让她全心臣服。当年斯金纳让鸽子叼起盘子，老鼠不断来回奔跑，他想让朱莉也将自己奉若神明吗？或者他会鼓励朱莉突破现状，广泛尝试，寻求能产生不同反应的强化物，提出崭新的论据与想法？

朱莉指着躺椅旁的小茶几，说："你看！他昏倒时嘴里吃的就是这块巧克力!"我低头看见瓷盘中摆着一块黑巧克力，斯金纳留下的齿痕清晰烙印其上。朱莉说："我要永远保存这块巧克力!"我问："已经放多久了?"她说："十多年了，不过保存得很完好。"不久她离开房间，我拿起那块缺角的巧克力仔细端详，仿佛看到斯金纳的嘴碰触这块巧克力。在一股莫名的力量驱使下，我举起手，严格来讲应该是某种力量让我举起手，把巧克力放进嘴里。我不知道这股力量从何而来，也许是片刻的放肆吧！我拿起这片布满灰尘的陈年巧克力，咬了一小口，在斯金纳的咬痕旁留下了我的齿痕，有点淡淡的苦香，感觉非常奇特。

第2章

电醒人心

米尔格拉姆与服从权威

米尔格拉姆（Stanley Milgram）生于1933年8月15日，他是犹太人，像津巴多一样，他成长于纽约内城的布朗克斯区，一个充满了罪恶的地方。也许因为犹太人的出身和恶劣的成长环境，米尔格拉姆对第二次世界大战期间，纳粹集中营中的军官奉令以枪决、毒气、绞刑与种种残酷手段，屠杀1 200万犹太人有了更深入的思索。

1961年，28岁的耶鲁大学心理学助理教授米尔格拉姆打算研究服从权威的心理。当时流行以“权威型人格”（authoritarian personality）来解释纳粹的暴行。持此论点者认为，德国人天性严谨，形成了特别服从命令的人格，一旦受命，不管要对任何人做任何事，都会照做不误。

研究社会心理学的米尔格拉姆却认为这种解释过于牵强。他认为个人会服从指令进行破坏，人格类型的影响远不及外在情境。再怎么理智的人，一旦置身于具有暗示意味的情境，都可能不顾道德信念，接受指令，犯下残酷暴行。

为了验证这一假设，米尔格拉姆设计了一项实验，堪称心理学史上最重大、最骇人的骗局。

1961 年 6 月，康涅狄格州纽黑文市。眼看就要迟到了，你加快脚步，在郊区的小巷中飞奔，耶鲁大学圣公会教堂的螺旋屋顶逐渐映入眼帘。夏日街道有股类似花叶与水果腐烂的湿甜味道。实验还没开始，你已经感觉些许不适，也许就是这股久久不散的甜腻气味所致。

你手上拿着两周前从报纸上撕下的征人启事——征募参与记忆研究者，酬劳：每小时 4 美元。耶鲁大学在征人，而你正想买一台新的食物调理机，而且这可是科学研究，所以你决定去应征，你终于找到了启事上的地址：林斯利奇滕登楼。你刚伸手，那扇灰色大门就打开了，一名满脸通红的男子走出来，脸颊上似乎挂着两道泪痕。他快步离开，消失在夜色中。轮到你了。

你先领取酬劳，再走进另一个房间，其破旧程度更甚于外面的巷道。墙面油漆成片剥落，抬头即可看到杂乱的管线系统。房里有位神情严肃、身着白大褂的男人，他将 3 个 1 元硬币和 4 个 25 分的硬币给你，你的掌心一阵冰凉。他说了些话，大意是：“这是你的酬劳，不管发生什么事，它都是你的。”你想知道会发生什么事！

华勒斯，我们开始吧

另一名男子进入房间。他脸庞圆润，笑容憨厚。他有一双湛蓝的眼睛，但眼神涣散浊重，既不精明干练，也不热情奔放，怎么看都不觉得这个人会有多聪明。他说他叫华勒斯什么的。你打了声招呼，介绍自己："我叫张三（或李四……）。"随便什么名字都行，反正是你就对了。

主试说："这项实验是要研究惩罚对学习的影响。目前这方面的相关研究并不多，我们希望实验结果对教育单位有所帮助。你们中有一个人当学生，另一个人当老师。老师念一组词，学生复诵。学生若是背错了，就要遭受电击，由老师执行。"他问："谁当学生，谁当老师?"他耸耸肩，你也故作轻松。主试说："抽签好了!"他拿出两张折好的纸签，你选了一张打开，看到"老师"。谢天谢地！华勒斯笑着说："那我就是学生喽!"

主试招手，要你们跟他走。你们跟着他下楼，走过一小段黑暗的走廊，进到一间囚室般的房间。主试对华勒斯说："坐到椅子上。"华勒斯应声照做。这不是一般的椅子，而是可怕的电椅。椅子上有一排开关、几条束带和形状怪异的吸盘，等会它们就要吸覆在皮肤上。主试对你说："把华勒斯绑起来!"你突然弯腰，靠近这个大个儿，把他扣在电椅上。他像个婴儿一样毫不反抗，任人摆布。主试拿出一罐凝胶，对你说："把这个擦在他手上，固定电极用的。"你不假思索，在华勒斯松软的手上来回涂抹凝胶。你感到莫名的难受，又有些许亢奋。主试下令："绑紧束带。"你遵命照做。华勒斯被五花大绑，无法自由活动。走开前你回头看了他一眼。他茫然的眼神中露出些许恐惧。你不禁想对他说："别担心，不会有事的。"

“不会有事，不会有事。”你一边喃喃自语，一边跟着主试往外走，进入另一个囚室般的房间。这里没有电椅，却有一台巨大的机器（如图2-1），硬币大小的按钮闪闪发亮，下方分别标示着电压强度，从15伏、30伏、45伏，一直增加到450伏。数值最高的几个按钮上标示着：“危险，电流极强！”主试说：“请你用麦克风依次把这些词念给华勒斯听。他只要背错，你就电击他。从最低的15伏特开始，逐次增加。你要先体验电击的感觉吗？”

图 2-1 电击器

好呀！你最喜欢各种免费试吃、试用的东西了。轻微电击，不花钱，试试看也好！于是你伸出手。主试取下一条导线碰触你的手臂，你感觉一阵灼热，好像被蛇的毒牙啃噬。你不禁缩回手。主试说：“刚才是45伏特。你应该知道处罚是怎么回事了吧？”

没问题。开始吧！

从15伏到450伏，你能坚持多久

“湖水、幸福、稻草、太阳、树木、水鸟、笑声、儿童”，这组词汇念起来有种特别的诗意。水鸟在湖边漫步的景象让你心情愉快。麦克风沙沙作响，你听见华勒斯复诵这些词汇，听起来他也挺愉快的。你念到“巧克力、松饼、情人节、丘比特”，华勒斯第一次出错。他忘记“丘比特”了。你按下第一个电击钮，区区15伏，跟小猫搔痒差不多，不用担心。（实验示意图如图2-2。）

不过这次电击后，你感觉到某些微妙的变化。华勒斯复述下一组词汇时，听得出他变严肃了。糟糕，他又错了！你得给他30伏的电击。再试一次，没出错，安全过关。下一组也正确。你发现自己在为他加油！可是他竟然漏掉了“厨房”，接着又漏掉了“天竺葵”和“青草”。不知不觉中，电击强度已经提高到了150伏！你伸手靠近按钮面板，看着银白色的指针往下偏转。你终于按了下去。麦克风里传来华勒斯的尖叫:“我受够了，放我出去，我要出去!”

你开始发抖，手心冒汗。你转身对主试说:“够了吧？我们是不是该停止了？他想出来了!”

他面无表情地说:“实验就是这样，请继续。”你说:“可是他想出来。这样我们没办法继续。”

他又说了一次:“实验就是这样，请继续。”你想告诉白大褂先生，你个性正派，乐于助人，总是尽量不让别人失望。但这种实验你真的无法继续，你不想让他为难……他说:“请继续。”

你眯起眼，好像有炫目的阳光照进眼里，时而有云朵飘过，让光线忽暗忽明。你又开始实验了。你不知为何要这样做，也许是不想让人失望，也许是这位主试看起来相当笃定自若。华勒斯又错了，连错三四道题，电压已经调到320伏，他尖叫着："我有心脏病，我要出去，我要立刻退出实验。"站在你身旁的主试说："请继续。电击不好受，但对人体无害，不会产生永久伤害。"

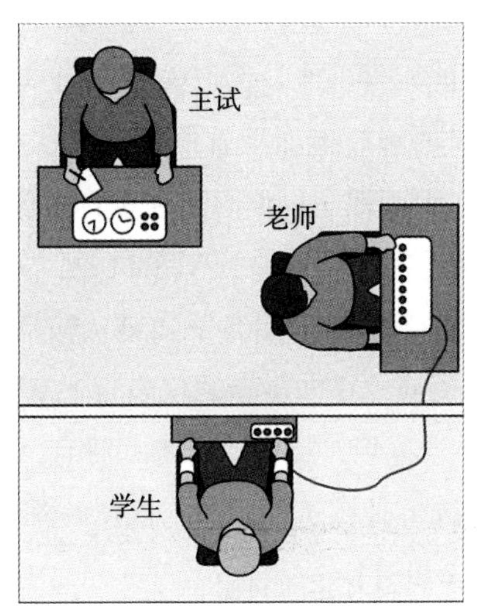

图 2-2 实验示意图

你强忍眼泪。你没办法那么笃定！你说："可是他心脏有问题！"主试又说："这不会对人体造成永久伤害。"你大叫："那暂时的伤害呢，你忍心吗？"他说："根据实验设计，你应该继续。"你又哭又笑，眼泪滑落脸庞，胃中不停翻腾。你说："我们过去看看他，好不好？至少先确定他没事。"白大褂先生摇摇头。你摸摸自己的脖子，因为出了很多汗，脖子又湿又滑，松软的肌肉下仿佛没有骨头支撑。你吓了一跳，仿佛你也受了电击。

主试是医生吗？你问："你是医生吗？你确定不会造成永久的伤害？"看他自信的神情就像个医生。他对这一切了若指掌，但你却一无所知。他穿着代表专业的白大褂。因此你继续实验，按下电流更强的按钮，诵念词汇。你的感觉出现了神奇的变化。你专心致志进行实验，小心翼翼念着词汇，按压按钮，像飞行员那样慎重其事地注视着仪表板。你的视野里只有这部机器。你的思绪飞入某个地方，穿越某种难以言喻的东西。你有工作要做，这与外面的世界无关，华勒斯，不管他了，现在你眼中只有这部闪闪发光的机器。

进行到315伏电击时，你最后一次听到华勒斯的尖叫，那声音足以让人血液凝结。之后他不再出声。你把强度调到345伏，转头看着“白大褂”，感到既诡异又心虚。他似乎看出了你的心虚，下达催促令：“不回答也算错。”这实在太荒谬了！你忍不住边打喷嚏边笑。你笑个不停，继续按下按钮。你别无选择，就是开不了口说：“不要，不要，不要。”你心里这样想，手却停不下来。你终于知道从脑到手的距离有多远了。你想说不，手却不听使唤地在电击器的仪表板上来回摆动，嘴里念着成串的词，“裙子、天才、地板、旋转、白鹅、羽毛、毯子、星星……”麦克风那头，持续着令人毛骨悚然的寂静，偶尔一阵电流嘶嘶作响。就是听不到有人回应，完全没有！

噩梦好像从未醒来

你宛如噩梦初醒，梦中你遭恶人追杀，醒后一切如常。主试说：“现在可以停止了！”接着房门打开，华勒斯走进来。他的外表举止毫无异状，看起来好得很。他说：“小子，你刚刚真吓到我了，放轻松啦！”他使劲握住你的手，说：“哇，你流了这么多汗。放轻松点！我没事啦。”主试附和说：“华勒斯说得没错！他受到的电击没有你想象的可怕。我们通常都用老鼠之类的小型动物来进行电击实验。机器上标示的危险等级也是以它们为准的。”你心想：原来是这样呀！

华勒斯走了。一名神采奕奕、个头不高的男士走进来，他叫米尔格拉姆，想请教你几个问题。他拿出一张小学生遭鞭打的照片，记下你的教育程度、服役状况、宗教等基本资料。他问什么你就答什么，尽管你仍深感震惊不已。那部机器是用来电击老鼠的？那你是老鼠还是人？华勒斯如果不觉得痛，为何要尖叫哀号？为什么他会哭喊心脏受不了？你对心脏略知一二，你有血有肉，也有理智。你看着这个瘦小精明的男子，突然一阵怒气涌上心头。你说："我懂了！这根本不是有关学习的研究。你是要研究服从，服从权威，对吧！"

这个实验引发各界争议，导致重大的负面影响，但也发人深省，它成为家喻户晓的心理学实验。当年，米尔格拉姆不过28岁，能有此创举，确实令人讶异。他转过身。看着他的鲜绿眼珠、淡红嘴唇，你又说了一遍："这是研究服从的实验。"米尔格拉姆说："没错。如果你没发觉，事后也会收到我寄给所有被试的正式信函，告知实验的真正用意。65%的被试和你一样完成了实验。在那种情况下，一般人的抉择都和你的一样，你无须愧疚自责。"

但你满怀质疑，无法接受这番说辞。他骗过你，但你不会再让他玩弄于股掌间。那天晚上，你在他的实验室里经历的一切是任何言语都无法安抚的。你的双手沾满了他人的血迹，而你只是个听命于他人的傀儡。

你确定你不会吗

身为读者，你也许会这样想：会这样做的人都是"别人"，也许是那个正要过马路的陌生人，也许是邻居亲友，但绝对不是"你"。如果"你"有幸能在1961年6月那个平静的夜晚，置身耶鲁大学林斯利奇滕登楼的实验室，"你"绝对不会那样做。你也许是佛教徒、素食者，你也许辅导过问题青少年，为慈善公益团体捐过款。所以，不会是"你"。但我不得不说，"你"很可能也会那样做。我们当中，61%~65%的人会遵照权威下达的指令行事，纵使这样做可能危及他人性命，我们也会照做不误。米尔格拉姆先后在耶鲁大学与邻近的布里奇波特市做过同样的实验，结果差不多。世界各地后续的相关研究也都证实这不是无稽之谈。

不可能！你这么慈悲为怀，关爱他人，绝对不可能！

“我努力工作，让家人过好日子……唯一的缺点应该是工作太过投入。我常答应孩子做某件事，带他们去哪儿玩，后来却因为公司要我加班而食言。”“我喜欢我的工作、我的家庭，我有三个小孩……我喜欢在院子里种花，还开辟了一块地种菜，因为我喜欢新鲜蔬果。”这是米尔格拉姆请被试做的自我描述，这两位被试完全听从了主试的指令，对华勒斯施以了最高电压的电击。新鲜蔬果、美丽花朵，实在难以想象。

当时米尔格拉姆是耶鲁大学的助理教授，实验前曾做过调查，调查对象包括多位知名的精神病学家、耶鲁大学学生、纽黑文地区的一般民众。他请这些人预测，被试在他设计的实验情境中会有何反应。所有被调查者的意见相当一致，都认为被试绝不会听命施予电击，就算会，顶多到 150 伏就会停止。听到对方尖叫哀号，却还逐一按下所有按钮的人，必定是近乎病态的虐待狂。米尔格拉姆的研究发表至今已有 40 余年，人们似乎依然坚持“不会是我”。米尔格拉姆的实验之所以震撼人心，或许正是因为它揭露了想象与真实自我之间的巨大落差吧！

服从实验的源起

在米尔格拉姆之前，已有心理学家以服从为研究主题。用假电击器，雇人假扮主试与被电击者的这种欺骗手法，先前也有人采用。然而结合这两项条件，进行系统研究的心理学家，首推米尔格拉姆。1924 年，英国威尔士某实验室研究员蓝迪斯（C. Landis）发现，他若坚持要砍掉老鼠的头，71% 的被试会照做。1944 年，心理学家弗兰克（Daniel Frank）发现，他只要穿上医生的白大褂，不管要被试做出多么奇怪的动作（如倒立、闭一只眼倒退走路、用舌头舔窗户），被试都会照做。

这些零星的研究不大可能对米尔格拉姆产生影响。一来因为他原本想研究政治学，所以在纽约皇后学院（Queens College）就读期间，从未修过任何心理学课程，因此对这方面的文献毫不熟悉。再者，个头不高、能言善辩的米尔格拉姆，若曾受惠于人，一定会大方承认。他最推崇、感激的前辈首推社会心理学家阿希（Solomon Asch）。米尔格拉姆取得硕士学位后，到普林斯顿大学担任阿希的研究助理。阿希当时正进行有关群体压力的实验。他发现群体意见会影响被试对线段长度的判断。线段A明显比B短，如果其他人都说线段A比B长，被试尽管错愕不解，最后还是会放弃自己的想法。

阿希

当时，阿希已是社会心理学界的巨擘，至今仍享有崇高地位。当年不论身形、地位都略逊一筹的米尔格拉姆，不久之后，成就甚至超越了恩师。米尔格拉姆尽管推崇阿希，但认为阿希的实验欠缺内涵。他和斯金纳一样爱好写作，写过剧本、儿童故事，喜欢引用英国诗人济慈（Keats）、奥地利诗人里尔克（Rainer Maria Rilke）的诗句。米尔格拉姆目睹51岁的父亲因心脏病发作而离开人世，所以他尽情享乐，不愿抱憾而终。他的遗孀说："我们一结婚，他就告诉我，他活不过51岁，因为他是父亲的翻版。他总觉得自己活不久。他30多岁得了心脏病，他知道，我们都知道他来日无多了！"

米尔格拉姆不喜欢线段实验，或许是因为线段让人感觉僵直狭隘。他想要设计出一项引起世人关注的实验。他的抱负相当远大。他接受《今日心理学》（*Psychology Today*）采访时说："我一直在思考，怎样让阿希的从众研究能更深入人性的各个方面。人类的服从倾向，不能只用判断线段长短为依据。我想知道，群体能否对个人施压，迫使其从事更能反映人性的行为，如攻击他人、施予电击等。”

戏谑、邪恶的荒谬剧总导演

1960 年，米尔格拉姆离开普林斯顿及恩师阿希，到耶鲁大学担任助理教授。不久他便开始了著名的电击实验，发表研究报告。耶鲁大学还保存着当年的原稿与笔记，上头有他亲笔写下的日期。“穿过天花板的音响线路……练习把电极贴到对方身上。麦多诺，温驯服从，表现极佳，受害者的最佳人选。”阅读米尔格拉姆的笔记，你很难不注意到他性格中邪恶的一面，即使是科学方面的论述，也不改戏谑嘲讽的风格。事实上，米尔格拉姆确实具有喜剧天赋，和其他科学家相比，米尔格拉姆最能让我们明白，科学、艺术仅一线之隔。工作、游戏乃是一个统一体的两面！

他太太说：“他热爱所做的事，并乐在其中。”他会写几封信，故意把信遗落在人行道上，接着躲到一旁观察，谁把信捡起来，谁把信寄还，看一般人会怎么做、原因何在。他也会以“插队”为主题，先藏身某处，再突然现身，插进某个队伍，同时观察后面排队的人有何反应。他会在某个晴天跑到屋外，手指天空，看要多久才能引起众人驻足围观。天空明明什么都没有，路人却都学他抬头远望。他聪明、叛逆、古怪。曾教过米尔格拉姆的斯坦福大学心理学教授罗斯（Lee Ross）说：“他能抓住荒

工作中的米尔格拉姆

谬行为的精髓，通过实验设计呈现出来，让世人看清真相。这就是他的过人之处。”

为了这出惊心动魄的荒谬剧，米尔格拉姆准备了许多道具。他将电极、30 个按钮、黑色束带组装成电椅，还设计了电击器，架设了音响设备。这出实验剧不仅使得举世哗然，而且也重创其学术声望。米尔格拉姆最先以耶鲁大学的学生为被试。让他惊讶的是，所有参与的学生都毫不犹豫，服从指示，逐一调高电击强度，直到实验结束。

他太太告诉我，米尔格拉姆说：“这些耶鲁人！光靠他们根本得不到什么结论。”他太太说：“他相信如果能找大学生以外的群体做实验，结论必然更具代表性，但也会招来更强烈的攻击。”他还是这么做了。米尔格拉姆刊登广告，征募 20~55 岁身强体健的男性，“工人、体力劳动者、专业人员、厨师，皆可”。当时还在耶鲁念研究生的埃尔姆斯（Alan Elms）负责找人参与实验。埃尔姆斯现已 67 岁，任教于加州大学戴维斯分校，他依然清楚地记得当年与米尔格拉姆共事的种种。他语调徐缓，略显疲惫，让我不由自主地认为这声音的主人也遭受过电击，目睹过可怕的事！我问他：“你庆幸自己参与了那项实验吗？”他说：“是的，那个实验太了不起了，令人难忘！”他暂停片刻，又说：“我决不后悔参与那项实验。”

我们和纳粹有多大区别

1961 年夏天，实验开始。埃尔姆斯找来一百多位纽黑文地区的市民参与实验。时间几乎都安排在晚上，这增添了些许诡异气氛，其实不需如此费事，光是伪装的尖叫与电击器上的骷髅图样，已经够恐怖了。米尔格拉姆还事先告知当地警方：“你们可能会以为有人遭到凌虐，但事实上只是演戏罢了!”

这场戏确实相当逼真，主试不断逼迫被试，让他们汗流浃背，坐立不安。一名被试大笑不止，实验被迫中断。大笑？笑什么？更奇怪的是，很多被试都会笑，有些强忍笑意，有些则捧腹大笑。有人说，这表示被试知道米尔格拉姆在搞鬼，这只是个无聊的玩笑罢了。有人说，被试是笑他手法不够高明。埃尔姆斯不这样认为:“那些人笑是因为焦躁不安。米尔格拉姆和我也笑了，但内心很忐忑不安。”米尔格拉姆与埃尔姆斯站在单面镜后观察被试。他们的服从反应令人难以置信，若非亲眼目睹，绝对料想不到是这样。极度荒诞的一切让他们不禁擦揉眼睛，怀疑自己眼花了。

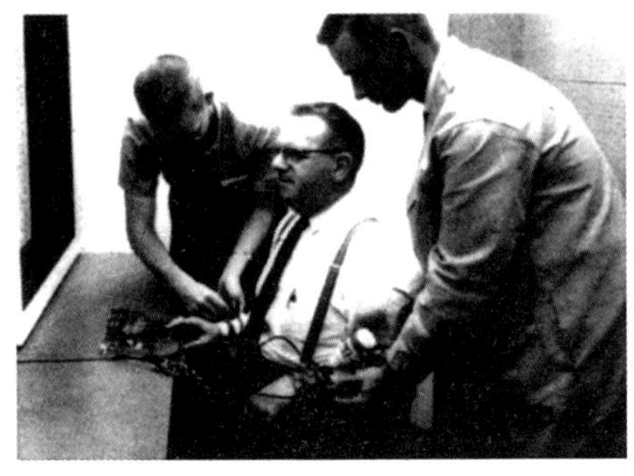

米尔格拉姆的电击实验

米尔格拉姆在实验中也笑了，但后来他却说，实验的结果“是令人又惊恐又沮丧的”。他太太说:“他没料到，服从的比例会这么高，这让他强烈怀疑人性。”也难怪他会有此感受。米尔格拉姆早知道会有被试就算认为会危及对方生命，也会服从指示，施以电击。然而他完全没料到，服从的比例会高达 65%。为了激发更多被试反抗命令，米尔格拉姆变化了实验情境。他撤掉麦克风，让被试与其电击对象同处一室，改由被试拉着对方的手，放到某个金属面板上给予电击。服从指令的被试确实减少了，但减少幅度并不显著。惊骇？心寒？确实如此。仍有 30% 的被试遵照主试的指令，抓起对方的手，按在电击面板上，听着对方凄厉尖叫。

美国国家科学基金会（National Science Foundation）资助了这个实验。6 月拨的款，实验才进行了 3 个月，米尔格拉姆就写信向基金会报告成果。信里写道："先前我还天真地以为，美国民众一定很少有人会像德国纳粹集中营中的军官那样丧失道德良知，听任丧心病狂的政府以国家利益为名残忍杀害无辜百姓。现在我发现，单是纽黑文地区，这种人就不知道有多少。"

米尔格拉姆发现了这些结果，不知心里做何感想？他眼中的纽黑文街头，是否蒙上了阴影？我们早已知道人类会伤害同类，而米尔格拉姆的发现是：人类残害同类，未必是先受攻击或侵犯。此外，他的实验设计排除了被试因盛怒失去理智而下毒手的可能。这些被试性情温和、奉公守法、疼爱子女、家庭美满，且都没有不良嗜好。

离经叛道的社会心理学家

米尔格拉姆是社会心理学家，所以势必从情境的角度来解读其实验发现。社会心理学主张，人格（你是谁）不如环境（你在哪）来得重要。米尔格拉姆表示，他的实验证明，只要所处环境需要，任何正常人都可能成为杀人凶手。多年来，他不时以此实验来解释越战士兵与纳粹军官骇人听闻的行为。德裔美籍学者阿伦特（Hannah Arendt）曾撰文报道纳粹将领艾希曼（Adolf Eichmann）受审经过，文中提出"平庸之恶"（the banality of evil）的观点，认为艾希曼是因为身处官僚体制下，受到外在环境的影响，盲目服从指令，才犯下那些残酷罪行的。米尔格拉姆的实验正可与此篇论文相呼应。事隔多年，社会心理学家仍旧极力强调，关键在于情境，而非人格。与米尔格拉姆合撰《人与情境：社会心理学观点》（*The Person and the Situation: Perspectives of Social Psychology*）的罗斯说："并不是说因为人格不具有稳定性，所以人类的行为是否合乎道德不受人格特质的影响。而是因为人格特质往往不敌时间、地点、同伴等环境因素。"换言之，罗斯等人主张，人类行为只有部分源于稳定的内在人格，绝大部分随外在力量的改变而变化。

米尔格拉姆与埃尔姆斯完成初步的实验后，随即着手研究与服从或反抗行为相关的人格特质。他们对被试展开追踪研究，仔细观察其生活与思想，找出解释哪些人为什么会做哪些事的线索。这方面的研究自然难见于社会心理学领域。罗斯轻蔑地说："我们才不理会什么人格。米尔格拉姆也一样。"然而米尔格拉姆是不一样的！他和埃尔姆斯合作，研究个别被试，并写了一两篇报告。

米尔格拉姆从实验结果中看出，情境无法解释一切。倘若他的实验情境能影响所有层面，并极具说服力，那么全部被试都应该会服从指令。但只有65%的被试服从指令，也就是说35%的人抗拒主试施加给他们的情境。这该如何解释呢？没有社会心理学家答得出这个问题，这正是社会心理学的软肋。社会心理学可以描述群体行为，但如果遇到特异分子，就无法自圆其说了。因为这些特异分子就像一株怪异的藤蔓，偏偏不依附既有的藤架生长。米尔格拉姆的实验中，35%的被试就像这种藤蔓，独树一帜。土壤既然都一样，那么结果的差异必定是种子本身所致。

20世纪60年代中期，米尔格拉姆与埃尔姆斯找回先前的被试，施以两套人格测验。其中一项是明尼苏达多相人格测验（Minnesota Multiphasic Personality Inventory，MMPI），另一项是主题统觉测验（Thematic Apper-ception Test）。埃尔姆斯逐一和个别被试详谈，询问其童年、亲子关系、早期记忆等问题。然而服从和反抗的被试，在这些因素上并无显著差异。

埃尔姆斯与米尔格拉姆很难找出任何一组相对的特质，能与服从—反抗完全对应。他们发现服从的被试小时候与父亲的关系较疏远。服从者小时候受到的处罚较轻微，如打屁股；反抗者曾遭受严厉殴打或剥夺某些权益的处罚，比如不准吃饭。在军中服役的服从者略多于反抗者，其中多数服从者承认曾对人开枪，多数反抗者则不曾这样做。

通过这些资料我们能得出什么结论？结论并不多：反抗者挨打，服从者也挨打。反抗者与父亲感情较好，服从者较疏离。反抗者在社会责任的测验中得分较高，而这项测验结果也反映其服从程度。也许量表有问题，也许是反抗者与服从者各有特殊之处，我们无法一一归类。

寻访反抗权威的“英雄”

我很想归纳出两者的特征。第一次听到米尔格拉姆的实验时，我还是布兰迪斯大学（Brandeis University）的学生。当时正值5月，樱花绽放，花瓣洁白似雪，点缀浅浅粉红。和煦的春风吹拂着，我们坐在草地上，听着社会学教授说：“所以被试一次又一次，按下电击按钮……”我不禁全身发抖，脑中立即浮现那种情境。我很清楚自己本性有多顺服，如果是我，一定会照做。

那是好几年前的事了。不过到现在，我依然对这个问题好奇不已。埃尔姆斯与我通电话时说：“被试不论服从或反抗，我们都无法归纳出某种稳固的人格特质。”我问：“我能和当年那些参与实验的人谈谈吗？还有人在世吗？”他回答：“档案要封存到2057年，我们不能透露被试的姓名。”

我生性顺从，但也喜欢追根究底。几周之后，我给牧师、犹太神父、研究米尔格拉姆的学者打过电话。在我寻找当年被试的这段期间，我辗转得知有位反抗指令的被试，后来在越战中经历了米莱村大屠杀（My Lai）[①]，他拒绝对越南民众开枪。我想象着那人现在的模样，他应该已经六七十岁了。我要找到他。

他打电话给我！米莱村事件发生时他并不在场。不过，78岁的查芬先生（Joshua Chaffin）当年确实参与了米尔格拉姆的实验。他再三强调他曾反抗主试的指令。电话里他一开口就说："没错，我做过实验，就在那间实验室里。到150伏特时我就住手了。当初我如果听从指令继续，我保证，现在和我谈话的就不会是你了，而是心理医师。"

乍听之下，这位反抗型的被试还蛮风趣的。我虽未见到他本人，不过我能感觉出他很和蔼可亲，善解人意。他语调轻快，略带犹太口音。查芬跟我聊了好久。我感觉他一直在等人打电话来，请他谈谈那个年代久远的、饱受攻击的实验以及他在实验中的重要地位。他说："你们年轻人就是不相信那情境有多逼真。我当时丝毫没有起疑，完全没想到那可能是个骗局。电击器上有个金色面板，还标示了制造商，看起来就是如假包换的科学仪器，你懂吧！如果你认为是因为耶鲁大学的名声导致被试服从指令，那也不尽然。因为米尔格拉姆后来在桥港市的一间仓库里进行了同样的实验，被试也对假扮学生者给予电击。"

查芬不断重复这件事，好像要安抚自己。所有的细节他都记得一清二楚，实验室的摆设、间歇出现的蓝色闪光，假学生的尖叫等，都完整保存在他的脑海里。尽管年事已高，但对实验却记忆犹新，让人啧啧称奇。

我们约了时间见面。查芬还住在纽黑文市，不时仍会路过做服从

① 米莱村位于越南中南部，因为越战期间一场令人发指的大屠杀而闻名。——译者注

实验的那幢大楼。有时候他甚至会走进当年进行实验的地下室。他告诉我："那里乱七八糟的。不过我到现在还记得，外头有扇灰色大门，房间里管线外露。"

某个晴朗的夏天，我开车拜访查芬。我们约在一间餐厅碰面。外头阳光刺眼，里面光线昏黄，时间仿佛就此停驻。顾客都是老人，吃的都是鱼。我根据查芬电话里的描述，找到坐在餐厅后方的他。我们点的菜送来了。查芬叉起一块炸鱼排，迅速送进嘴里，嚼得很起劲。

他说："我当时是环境研究学系的助理教授。我看到广告，心想：'这种好事，怎么能错过！'当年4美元可不是笔小钱。我需要钱，所以就去应征了。"接着他一五一十地说明实验内容，大约70伏特时，他第一次听到对方因痛苦而叫出声来，电击强度不断提高，叫声越发尖锐凄厉，连麦克风也开始沙沙作响，查芬转头对主试说："你这样做不对。"该死的主试！"那个家伙，竟然叫我继续！"查芬说得义愤填膺，布满褐斑的手臂随着回忆而颤抖。我倾身向前，问他："你是怎么做的？"

"我对他说：'不要！'"查芬又说，"我对主试说，'我也参与过其他实验，你这样做是不对的。'当'学生'的人不断哀号尖叫，我精神紧张，不停流汗，心跳加速。最后我停下来，大声说：'我受够了！'"我说："为什么？什么原因让你罢手？很多被试都做不到。"我真的想听他怎么说。我大老远开车来此，就是想知道查芬是怎样挣脱外力束缚，不做情境的傀儡的。

心脏病比良知更重要

查芬拿起浆过的餐巾擦拭嘴巴。他看着天花板，思索片刻后说："我怕我的心脏受不了。”

我复述他的话：“心脏受不了？”查芬转头看着我，说：“我怕这实验会让我太紧张，导致心脏病发作。”他好像想到什么，补上一句：“我也不想伤害那个人。”

我点点头。任谁都会注意到，查芬先提到他的心脏，其次才是“那个人”。可是谁能责怪他？我原以为他是个品德高尚的人，没想到会从他口中听到这个答案。我原以为他的答案会更有宗教情操，更高尚，例如“我内心深处始终秉持道德良知，要善待他人……”我错了。查芬是担心他的心脏，所以才会反抗，至少他事后回想时，是这样说的。

他还告诉我，实验后他余怒未消，隔天他回到耶鲁大学，冲进米尔格拉姆的研究室。当时米尔格拉姆平静地坐在书桌前批改报告。查芬对他说：“你们这样做不对，非常不妥！不知情的被试可能感到不适。你们没有剔除有特殊疾病的人，万一有人因此心脏病发怎么办？这个实验让人难以承受，你知道吗？”

查芬回忆当时米尔格拉姆看着他，镇定地说：“我相信实验不至于让被试心脏病发作。”查芬说：“但我差点就发作了。”两人接着谈了起来。米尔格拉姆安抚查芬，赞许他反抗的表现。临走前，米尔格拉姆说：“查芬先生，您若能保密，我会很感谢！”查芬问：“为什么要保密？”米尔格拉姆回答：“为了实验的真正目的。还有人要参与实验，我不希望他们知道，这项实验研究的不是学习，而是服从行为。”查芬对我说：“我想了一会儿，考虑要不要说出去。我当时想过要报警，因为我真的很生气。我的确这样想过。”我问：“你究竟怎么做了？报警，还是揭穿他的把戏？”

查芬向服务生眨眼示意，服务生随即过来，把我们的盘子收走。他说：“我没说出实验的真正用意，也没有揭发米尔格拉姆。”这个人一方面以反抗米尔格拉姆为荣，另一方面又听从米尔格拉姆的指示，简直就是自相矛盾。

我不由自主地眨起眼来。我实在不了解查芬，也看不出道德对他有何作用。我只看到一个平凡且风趣的人，集矛盾于一身，手臂上布满了老人斑。

进一步了解查芬的生活经历，惊讶还多着呢！他在日常生活中的言行表现，完全让人想象不到他在实验时会抗拒指令。他任职埃克森美孚石油公司多年，是个合群守纪的员工。他讥讽那些鼓吹环保的人“只会抱着树不放”（tree huggers）。他 25 岁时从军，被派驻菲律宾。他说：“我是个优秀的军人。我们抓了不少狗娘养的日本鬼子，把他们关起来。”

我问：“你在战场上杀过人吗？”他说：“那可是第二次世界大战，不是一般的战争。”我说：“我了解。”从他口出恶言、监禁日本人、对环保人士的轻蔑不屑，并且不揭发米尔格拉姆的把戏的种种表现，很难想象出他在电流不强时就已住手。

我又问：“你在战场上杀过人吗？”我也想起埃尔姆斯曾说，在军中服役的服从者几乎都杀过人，反抗者很少有这样的经历。查芬说：“我不知道。”看得出他有些不安。我问：“你在战场上做过什么事，是你希望没做过的？”他说：“我不知道……服务生，咖啡！”查芬急急忙忙喝完咖啡，久久说不出话。

一石激起千层浪

我打电话给埃尔姆斯说：“我找到一位反抗型的被试。他满口全是当年参战时的英勇表现，和怎样让该死的敌人束手就擒。他并未坚持原则，反而为米尔格拉姆的把戏保密。”埃尔姆斯的声音听起来格外疲惫，他说："一个人在某种情境下表现某种行为，在其他情境下未必会有相同的反应。"我请教其他几位社会心理学家，他们见解相同，只是用词较为专业："行为缺乏跨情境一致性"（cross situational consistency）。罗斯说："查芬的例子证明，人格无法决定行为，情境才是关键。"

但这种论点仍不够明确。人类置身各式各样的环境，反应也随之变化，无从预料。因此认为查芬在某种情境中抗拒权威，在其他情境则服从权威的这种过度简化的说法，是毫无说服力的。若只依据个案做结论，则查芬的例子并不能证明反抗或服从与人格特质无关。充其量只能说，被试在实验情境里的行为反应，不能用以预测其他情境中的行为反应。实验与现实，完全是两回事。

这就涉及了心理学所谓的外在效度（external validity）。换言之，即实验结果能否类推、适用于其他情境。这也点出实验心理学面临的严重问题：若实验成果无法推论到实验室外的情境，则实验举证有何意义？假设科学家发现一种疗效惊人的抗生素，但只对剩下一个睾丸的老鼠有效，且鼠笼必须完全无菌。这项实验因为缺乏外在效度，所以无法适用于人类。多数男性有两个睾丸，且生活环境通常不会完全无菌。

米尔格拉姆的实验始终因其外在效度的问题而饱受质疑。历来皆有人批评其实验设计与现实不符，以及被试所处的情境和现实生活中的冲突截然不同，所以实验呈现的人性挣扎与抉择几乎不可能发生在你我身边。当时实验结果引起大众热烈讨论，《纽约时报》（*New York Times*）也加以报道："65% 的被试盲目服从，施予折磨。"美国广播公司（ABC）还据此制作电影《第 10 级》（*The Tenth Level*），片名是指电击强度。

尽管如此，心理学界却持怀疑态度。米克森（Bernie Mixon）主张，米尔格拉姆研究的未必是服从，也许是信赖，因为被试相信主试不会心怀不轨，所以才会听命，持续电击到实验结束。也有人质疑这种说法。

有人抨击米尔格拉姆设计的实验情境犹如戏剧表演，实验结果无法充分反映多数人在现实生活中的作为。费心安排的实验情境顿时成了只有自己才懂的戏码，米尔格拉姆环顾精心设计的一切，喃喃自语："我们怎么会这么聪明！"为《格兰塔》(*Granta*)撰稿报道该实验的社会心理学家帕克(Ian Parker)认为，这项实验充其量只是一出悲喜交集的戏剧。知名学者琼斯(Edward E. Jones)也持相似的看法。米尔格拉姆曾将第一篇有关服从的论文投稿至他担任主编的学术期刊，却遭到退稿，原因是"该论文仅让人对实验情境之影响深感惊讶，却未能提出实质结论说明服从权威的心理"。

许多人毫不留情地抨击米尔格拉姆，其中首推德裔美籍政治学者戈德哈根(Daniel Jonah Goldhagen)，他曾任哈佛大学教授，著有《希特勒的志愿行刑者》(*Hitler's Willing Executioners: Ordinary Germans and the Holocaust*)。对于米尔格拉姆的服从实验，戈德哈根不仅强烈质疑特定实验情境能否推论到其他情境，而且也不认为相关结论足以解释为何会发生大屠杀。戈德哈根表示："米尔格拉姆对于大屠杀的解释是目前已知最为误谬的推论。一般人无时不在反抗威权，政府说这样，我们就要那样。即使是生病就医，一般人尽管认定医生建议出于善意，但也会不遵照医嘱。此外，在米尔格拉姆的实验情境中，被试没有时间反思自己当下的行为，这与现实情况不符。现实世界里的纳粹军官，白天屠杀犹太人，晚上陪伴家人。在现实世界里，人有许多改变自己行为的机会。如果有机会却不改变，那么就不是畏惧权威了，而是自由意志的选择。米尔格拉姆的实验并未说明哪些因素会影响选择。"

对米尔格拉姆的批评不胜枚举，这些只占一小部分。这些批评一方面让米尔格拉姆相当难堪，另一方面也让他乐在其中。他成了关注的焦点，学者专家们绞尽脑汁揣测他高深莫测的用心，剖析其实验的意义。

电击，打击；再电击，无力回天

然而，没人了解米尔格拉姆的实验用意何在，他想借此测量或预测什么，实验的发现证明了什么，是服从、信赖、外在强迫，还是其他因素？罗斯说："没错！这项实验的意义和带给人类的启示，真是高深莫测、难以言喻。"

这项实验不仅研究结论饱受批评，其他层面的争议也逐渐浮现。1963年，米尔格拉姆发表了实验结果。1964年，儿童心理学家鲍姆林德（Diana Baumrind）在重要心理学期刊上发表论文，严厉谴责米尔格拉姆的实验违背研究伦理。米尔格拉姆蒙骗被试，未能事先取得他们的同意，以致其心理受创。当时米尔格拉姆申请加入美国心理协会（American Psychological Association），然而因有耶鲁大学同事投诉，此申请遂遭搁置一年，且须接受调查。

米尔格拉姆在灯火通明的实验室接受校方调查。最后虽无具体结果，但他饱受煎熬，痛苦不安。在社交场合中，对方一旦知道他是谁，就会刻意疏远。人道主义代表人物贝特尔海姆（Bruno Bettelheim），批评其所作所为卑鄙可耻。后来米尔格拉姆更是遭到耶鲁、哈佛两所常春藤名校的解聘。他的遗孀说："没有人会聘用他。他的争议性太大了。"

米尔格拉姆似乎想鱼与熊掌兼得。他既要颠覆传统，又想获得认可；既想撼动世界，又想得到宽恕谅解。他陆续遭多所大专院校拒绝，最后，米尔格拉姆的心脏开始出现问题。粗大的主动脉几乎塞满了脂肪，心肌弹性衰退。31岁的他已是纽约城市学院（City College）的教授了，他实在不简单，但在他38岁时，心肌梗塞第一次发作了。后来他又经历了4次发作。每次发作，他都几乎无法呼吸，只能伸手抓着脖子，说不出话，肩膀剧烈作痛，双脚无力，时而昏迷，时而清醒。每发作一次，他的心跳就变弱一些。

米尔格拉姆和芸芸众生无异，终究逃不过死亡的宿命。米尔格拉姆一生饱尝失落之痛。他父亲是位面包师，每天早上回家时，都会带两个涂了奶油的白面包。米尔格拉姆幼年先遭丧父之痛，日后又失去常春藤名校的教职，又因不人道的实验饱受攻击，失去了圆满崇高的声誉。米尔格拉姆的夫人说他深受打击。我要求她多说一些，但她不愿意。

1984 年，米尔格拉姆 51 岁。那天，他正为学生的博士论文进行答辩，突然一阵晕眩。米尔格拉姆夫人说："我很确定他那天没吃午餐。他的助理总是标榜男女平等，从不主动为他打点这些事情。"所以米尔格拉姆只能呆坐一旁，又渴又晕。好友凯兹（Irwin Katz）博士陪他搭地铁回家。一路上，米尔格拉姆应该感受到车身的规律震动正与自己的急切心跳相互呼应。他太太到车站接他，随即送他去医院。

当时尽管他脸色苍白，双手颤抖，但还能走进急诊室。他直接走到护理站对护士说："我叫米尔格拉姆，这是我第五次心肌梗塞发作。"说完便跪倒在地。米尔格拉姆夫人说："他就这样走了。"她告诉我，医护人员把米尔格拉姆送到另一间诊疗室，脱下衬衫，在他胸口抹上凝胶，放上吸盘和电极接头。他们给米尔格拉姆进行电击，一次、两次，不知道多少次，米尔格拉姆的身体像条鱼，随着电击弹起。但生命迹象已经消失，再怎么电击也无法起死回生。

服从的同性恋者

他不姓蒲朗菲，他不是 79 岁，但也差不多这个岁数，脸上有些许灰白胡茬。他有一位同性爱人名叫吉姆。蒲朗菲答应接受采访，条件是不得透露他的真实姓名。他和查芬都参与了米尔格拉姆的实验，不过他服从了指令施予电击，直到实验结束。尽管事隔多年，但想到当时自己所做的事，他的手还会隐隐作痛。

米尔格拉姆设计的实验情境，常被质疑与现实不符，或违背伦理道德，但其影响之大，却是毋庸置疑的。查芬与蒲朗菲谈起这项实验时，眼神都为之一亮，印象清晰得宛如才刚发生。尽管这个实验的情境屡因其真实性遭受非议，却能在被试的真实生活中留下深刻印记，足以和结婚纪念日、子女出生、第一次性经验等重大事件相提并论。

蒲朗菲说："那时我 23 岁，在做博士后研究。"接着我所听到的故事，宛如同性恋作家王尔德（Oscar Wilde）的翻版。蒲朗菲当时与室友有段秘密恋情，他日益确认自己的同性恋取向，却也为此挣扎苦恼。他说："学生时代的我，用尽一切方法融入群体。我是众人羡慕的对象，不仅成绩优异，而且女朋友也很漂亮。不过每次我们去游泳，我总会目不转睛盯着男生的背影。我不知道为什么会这样。"

蒲朗菲在博士后研究期间，再也压抑不了内心的冲动，他爱上室友并与之交往，最后却发现对方只想利用他来研究同性恋，且随即为了一个女孩抛弃了他。这让蒲朗菲完全崩溃了。"我为自己是同性恋而感到羞耻，为什么我不爱女人?"他一边自慰，一边幻想，完全无法自拔。后来他看到广告,便去应征。他对我说:"我不知道为什么要去。"分手后第三天，他来到米尔格拉姆的实验室，只记得主试说："这不会造成永久伤害，请继续……"

蒲朗菲说："我照他的话继续。我当时很绝望，什么都不管了！心想：'不会造成永久伤害，他应该不会错。'"他描述当时的情景：扮演学生者不断尖叫，让他更加厌恶自己，他的关节疼痛，电压逐次提高，他脑中一片空白，只想让心中的耻辱倾巢而出。

蒲朗菲说："后来他们跟我解说刚刚发生了什么事，我吓坏了。他们一直说什么'你没有伤害任何人，别担心，没有人受伤……'可是已经来不及了。主试在实验结束后才告诉被试一切都是假的，这是没有用的。因为被试确实动手电击对方，他们认为自己这样做了，没有人可以改变当时的想法，也不可能归零重来。"

他说："这项实验让我重新检视生命的意义，让我面对天生服从的倾向，且设法抗拒。我开始认为，'同性恋见不得人'的这种想法就是另一种形式的服从，涉及个人的道德观和价值观。所以我决定坦承自己的性取向，我也发现道德意识有多重要。从这个实验我发现自己缺乏道德勇气，这让我深感惶恐，因此决定要锻炼自己的道德意志。"

我点头表示理解。他说："这需要很大的勇气，但也让我产生了极大的勇气。我以前是标准的乖乖牌金童，内心藏着不敢告人的秘密，一路念到医学院。后来却变成同志解放运动的活跃分子，这都是受米尔格拉姆的启发。"蒲朗菲向我展示他佩戴的第一个粉红三角形[①]。

蒲朗菲的可取之处显而易见，如，在市区学校教书时获得的奖章，朴实的摆设也反映了他拒绝物质享受的态度。他虽然是服从型的被试，却大胆地选择了不流俗的生活。至于当年反抗型的被试查芬，却成为石油公司的高层主管，后来还从军服役。

电醒人心

这样的结果依然指向实验的效度问题。被试在实验室里的抉择无法有效预测其在实验室外的言行。而我们都认为，科学实验的主要目的就

① "粉红三角形"为第二次世界大战时纳粹德国用来识别同性恋囚犯的标记，同性恋者即惨遭大规模屠杀。粉红三角形与彩虹旗，目前皆为同性恋者用以表明性别取向的象征。——译者注

是在于可以有效预测现实，并且能够推论至其他情境。所以批评米尔格拉姆实验的人就绝对正确吗？

社会学者穆克（Douglas Mook）曾在一篇题为《论外在效度》（*In Defense of External Invalidity*）的文章中指出，不该以推论程度高低来判断实验价值："假设某项研究并不以实际应用为本意，那么其实验结果能否适用于现实，便无关紧要了。"换言之，如果研究者不打算将研究发现应用在真实世界，我们还需要在意研究发现与现实是否相关吗？

小说与实验都讲究结构组织、结局与心得。绝不可能有人看完著名的俄国作家陀斯妥也夫斯基的名著《卡拉马佐夫兄弟》（*The Brothers Karamazov*）后，感想却是："这本书很有趣，虽然我看不懂作者在讲什么"。文学作品之所以能够让人印象深刻，多半是因为内容能与生活相互呼应。我们都承认，米尔格拉姆的实验影响重大。但其研究主题为何莫衷一是呢？不是服从，不是信赖，不是悲喜交杂的戏剧，不是违背道德良知的实例，米尔格拉姆究竟要传达什么信息？我们又该从何得知？

也许我们最好直接问被试，毕竟他们比谁都清楚实验那一刻的感受。当我们询问被试："实验对你有何意义？"答案依旧相互矛盾，没有定论。蒲朗菲说："这个实验改变了我的一生，让我更能挣脱权威的束缚。"现任纽约福德汉姆大学（Fordham University）教授的塔库申（Harold Takooshian）曾是米尔格拉姆的学生，他当时看到米尔格拉姆桌上有一堆信件，"一个黑色大袋子，里头有上百封被试的来信。很多人说，服从实验让他们更了解生命，更懂得如何生活。"被试表示，他们从实验中学会反省自己对权威与责任的态度。有位年轻人表示，米尔格拉姆的实验激发其道德良知，且挺身参与反战运动。

米尔格拉姆的实验之所以重要，并非由于其具体的量化发现，而在于它的无形的教化力量。服从实验对被试产生始料未及的效应，使其更能抗拒权威，至少部分被试如此。这项实验影响力之大，不仅在于其呈现了惊人的事实，更在于其颠覆了既有观念，其威力与原子弹相当。米尔格拉姆说："这项实验激发了被试的自我意识，这是'改变'的第一步。"

关于人格是否影响服从或反抗，我还找不出实证。然而我相信两者确有关联，人类行为绝不只是所处环境的投射。尽管米尔格拉姆深信人类行为深受情境操控，但他并未忽略人格特质这个变量，所以他不认为情境是唯一的因素。很多人不知道米尔格拉姆说过这段话："面对权威，选择服从或反抗，必定也受人格特质影响，只是目前还无法证明。"

我还记得，当年在暮春时分的布兰迪斯大学，我第一次听到米尔格拉姆的实验，仿佛也如受到电击一样，随即醒悟到在同样的情境下，我也可能失去平日的稳重与理智，做出同样的事。**你我是否曾多少次听见带有种族歧视的诋毁时，为了避免冲突而保持沉默？你我是否曾多少次看见不公不义的事，比如同事遭受刁难侮辱时，却为了保住工作而袖手旁观？**这种意念潜伏心中，受所处情境影响，时而明显易见，时而幽微难辨。人心几乎都有道德良知不及之处，若我们一再放任其扩张，等到道德良知遭到吞噬，那时再强烈的刺激也无法挽回了。

第3章

“砰、砰、砰”就是疯子

罗森汉的精神病诊断实验

他是斯坦福大学法学与心理学荣誉教授罗森汉（David Rosenhan）。他为人所知的成就，在于颠覆精神病学的诊断。精神医学在当年已发展为一门地位稳固的科学，而罗森汉却以一系列的实验揭露其弊。

20世纪70年代初期，罗森汉打算测试精神病医生能否分辨“正常”与“不正常”。精神病学之所以成为一门学科，前提在于精神病医生能正确断定病人的精神状态是否异常，据此推断病人的社会适应情况，比如能否成为称职的父母、假释犯弃保潜逃的可能、受刑人真心悔改的概率。

罗森汉深知精神病医生握有极大权力，他们可左右病人的社会生活。因而他设计了一项实验，来测试精神病医生的专业能力是否与其权力相称。

罗森汉的实验让我们恍然大悟，原来看待事物的角度往往会扭曲真实的世界。这项实验反映了人类内心难免充满了主观意识，因而该实验成为心理学与精神病学的重要文献，在哲学领域也具有同样重要的地位。

罗森汉的妻女皆已亡故，他自己则因多次轻微中风而神智不清，几乎无法自行呼吸。几个月前，他在加州帕洛阿尔托市（Palo Alto）的家中发病，先是双腿逐渐麻痹，在抵达急诊室前，双腿已经完全瘫痪，接着手臂、躯干，最后连肺部功能都尽失。医生百思不解，无法断定这位背弃精神病学的学者究竟得了什么病。此刻他脸庞僵硬冰冷，无法多言。以下探讨的故事，少了罗森汉的现身说法，难免有所缺憾。

令人拍案叫绝的冒险计划

1972 年，越战战况激烈，但是不久之后双方签订了停火协议。刚取得心理学、法学双学位的罗森汉，虽然并未前往越南，但他发现许多人以精神疾病为借口，逃避征兵。伪装症状似乎并不难，但到底有多容易？生性喜爱冒险的罗森汉打算一探究竟。

他突发奇想，打电话给 8 位友人，问他们：“下个月有没有空？如果你们有空，可以假装精神病人，混进医院，我想看看那些精神病医生能不能看出你其实很正常。”3 名心理学家、1 名研究生、1 名儿科医生、1

名精神病医生、1名画家、1名家庭主妇，加上跃跃欲试的罗森汉，一起假扮精神病患者，实验顺利展开，结果真是令人始料未及。参与实验的假病人塞利格曼（Martin Seligman）说："他打电话给我，问我下个月有没有空，我说'当然没空，我忙得很。'不过他的想法让我拍案叫绝，也同意空下整个月，参与他的实验。"

塞利格曼[①]

事实上，实验时间超过1个月。罗森汉先要训练这些同伴，所有细节都不能马虎。正式行动前连续5天，他们不洗澡、不刮胡子、不刷牙。接着8人便在预定日期，各自前往全国各地选定的医院，到精神科挂号就诊。罗森汉挑选的医院中，有的外观美轮美奂，内部设备齐全，有的则是公立医院，设备简陋，走道弥漫着尿骚味，墙上满是涂鸦。这些人假冒病人对医师说："有人一直在我耳边发出'砰、砰、砰'的声音。"罗森汉刻意以这种无特殊意义的声音为主诉症状，因为当时的精神医学文献中，还未出现这类幻听案例。

① 马丁·塞利格曼，在实验中扮演假病人，实为美国心理学家，"积极心理之父"，著有"塞利格曼幸福五部曲"，该系列书已由湛庐文化策划，浙江人民出版社出版。

医师若询问其他细节，这 8 位假病人除了自己的姓名、职业以外都必须照实回答，且不可假装有其他症状。若医生诊断需住院治疗，假病人一住进病房，就要表示幻听症状消失，且感觉很好。罗森汉还教这群同伴怎样才能不吃药：先把药丸藏在舌头底下，等到四下无人时，再吐到马桶中冲掉。塞利格曼回忆说：“我花了一番功夫才学会怎么藏药丸。有时候他们会强行把药塞进我嘴里，我一紧张就不小心吞了下去。”

这群假病人又练习了几天，所谓练习，就是让体臭味持续发散，听任头发胡须乱长，不刷牙，让嘴里呼出浓浓的酸腐味。他们学会将胶囊及药丸塞入舌头下方的凹缝里，再转过头去，偷偷吐掉。

美味的食物，留下满口恶臭

这一天秋高气爽，罗森汉前往宾州某所公立精神病医院。湛蓝的天空闪着银光，仿佛预告冬天即将来临。罗森汉停好车，走向一栋哥特式建筑，成排铁窗宛如监狱牢房，身穿淡蓝罩衫的医护人员来回穿梭。罗森汉挂了号，被带入一间白色小诊室。精神病医生问他：“怎么了？”

罗森汉说：“我一直听到一个声音。”医师问：“你听到什么声音？”这位医生浑然不知自己正一步一步踏入罗森汉的圈套中。罗森汉回答：“砰、砰、砰。”此时他心里一定很得意！医生说：“砰、砰、砰？你说的是砰、砰、砰吗？”罗森汉又说了一遍：“砰、砰、砰，没错。”

听他这样说，医生也许会抓抓头发，也可能放下纸笔，瞪着天花板沉思好几分钟。我们不知道诊疗室里的实际情况，罗森汉对这部分略而不提。我们只知道，他和其他假病人一样会根据自身性别，告诉医生出声者是男是女。他们也会提到幻听已造成某种程度的影响，而且朋友劝告他来求医，且听说“这家医院不错”，所以来看医生了。

20世纪知名精神病学家斯皮策（Robert Spitzer），对罗森汉提出严厉批评。1975年，他于《变态心理学期刊》（*Journal of Abnormal Psychology*）发表文章，对罗森汉的研究结果提出反击："有些食物入口时味道鲜美，却会留下满口恶臭。罗森汉的研究也是如此。我们并不清楚这些假病人当时的举止神态、言谈内容，罗森汉以资料保密及避免破坏个别医疗机构名声为由，并未指明以哪些医院为实验对象。如此一来，我们仅能依赖他的叙述得知假病人当时的言行举止、神态样貌。没有医务人真能证实或驳斥罗森汉的片面之词。"

斯皮策

斯皮策与我通电话时说："还有'砰、砰、砰'这声音。罗森汉觉得，这些精神病医生仅仅因为从未见过幻听病例就将它视为病症的做法很可笑。事实上，他这种论点才荒谬。我跟你提过，有位病人的主诉症状是听到有人一直跟他说'没关系、没关系'，我虽然没见过这种幻听病例，但这不代表此人没有问题。"我不想跟他唱反调，但我不觉得听到"没关系"的声音有什么问题。斯皮策停顿片刻，又问："你说罗森汉怎么了？"我说："不怎么好，他妻子得癌症去世了，女儿死于车祸。他中风了好几次，医生诊断不出原因，现在全身瘫痪。"斯皮策似乎不为所动，也未表示遗憾。可见精神医学界有多痛恨罗森汉的研究，即使过了40年，余恨仍未消失。他说："这就是进行那种实验的下场。"

精神病人对他说，你没病

有人带着罗森汉走过一条长廊。这时他还不知道另外8位假病人也都住进了医院。罗森汉心中必定又怕又喜。他是个顶尖的记者与科学家，亲自下海只为追求真理。精神病房单调冰冷，形形色色的病人在病房里，神智恍惚，仿佛漫游在无重力的世界里。有人把罗森汉带进一个房间，并叫他脱掉衣服。难道自己只能任人摆布了吗？有人把温度计塞进他嘴里，在他手臂上套上黑色束带，测量血压脉搏，结果是：他一切正常，但似乎没人注意。他说：“医生，我再也没有听到那个声音了。我什么时候可以出院？”医生微笑，没说什么。罗森汉这时应该会忐忑不安，也许会后悔这么做，他提高语调追问：“我什么时候可以出院？”

医生说：“等你病好了。”可是他好得很，血压正常；脉搏每分钟72下；体温正常；生理机能一切正常。但这些都不重要，即使他神智正常也没用。因为医生诊断他是偏执型精神分裂症（paranoid schizophrenia），必须住院治疗。

精神科病房里的护士站，四周有玻璃围绕，护士在里头忙碌穿梭，熟练地将桃红色药片放入塑胶杯。罗森汉非常合作，每天固定3次“吞入”所有药片，再跑到厕所吐掉。他的实验报告提到，其他病人也都很熟练，药吃进嘴里，再吐到马桶中。只要不惹事，医护人员什么都不管。

罗森汉说，“精神病人仿佛隐形人……没人会注意他们。”报告中提到，有名护士无视往来的病人，直接解开上衣，调整胸罩。罗森汉说：“没有人觉得她在挑逗病人，她根本不把我们放在眼里。”罗森汉甚至目睹病人挨打，还有名患者遭受严厉处罚，只因为病人对护士说：“我喜欢你。”罗森汉没谈到病房里的夜晚，但想必那是漫长的煎熬。躺在狭窄的床上，医护人员每15分钟就来巡视一次，手电筒的强光很刺眼，以至于让人什么都看不到。那时候罗森汉心里在想什么？想念家中的妻子、两个还在学步的孩子吗？尽管医院离家不到200公里，却感觉遥不可及。这就是科学。自然界的毛细现象不适用于现实社会，人为的隔阂是牢不可破的城墙，它可以阻隔一切，没有缝隙可以逐步渗透。

罗森汉及其他同伴开始接受心理治疗，他们被要求讲述生活中的快乐、满足、失望等经验。尽管只有幻听症状是虚构的，但其他方面的描述都是真实的，诊断结果却出现截然不同的解读。如，“这名39岁白人男性……长期以来对亲密关系抱有极度矛盾的感受…… 情绪不稳定……他自称有若干好友，但言谈间表露出对友谊的疑虑。”1973年，罗森汉在著名的自然科学期刊《科学》（*Science*）上发表文章，他说：“这位医生会这样说，显然是因为我被诊断为精神分裂症…… 如果他知道我是‘正常人’，说法肯定就不一样了。”

奇怪的是，其他病人都知道罗森汉神智正常，只有医生不知道。至于住进美国其他精神病院的假病人，有几位也遇到类似的经历。精神异常者比治疗精神异常的医生更能辨识谁是正常人。有名年轻病人走近罗森汉，对他说：“你没有病。你若不是记者，就是教授。”还有病人说：“你是来视察医院的。”

住院期间，罗森汉听从所有指令，私底下也会要求某些优待。他除了帮助其他病患处理问题，提供法律建议之外，他还勤写笔记，这被医护人员称为“书写行为”，并被认为是精神分裂症导致的偏执行为。不久之后，他莫名其妙地获准出院，跟当初他被迫入院一样突然。

这段体验对罗森汉意义重大。他目睹精神病院的非人道做法，也发现精神医学本质上的缺失。全美各地不知有多少人像他这样被误诊，被迫服药，甚至强制住院治疗。被贴上精神异常的标签，就能使人疯狂吗？

换言之，思想取决于诊断结果吗？

医生也是人，也会受暗示

早在罗森汉的实验前，1966 年，罗森塔尔（R. Rosenthal）与雅各布森（L. Jacobson）两位学者也进行了一项类似的实验。他们以小学1~6 年级的学生为被试，施以“哈佛习得变化测验”（The Harvard Test of Inflected Acquisition）。这项号称可预测学生学业进步幅度的智力测验，实际上只测试了几项非语言技能。他们告诉受测学生的任课教师，若学生在该项测验中表现优异，一年内，学生应会出现前所未有的进步。事实上，这项测验并无这种预测作用。

罗森塔尔与雅各布森将测验结果告知教师。一年后，再对这批学生进行调查。他们发现先前被归入“突飞猛进”组的学生，学业进步幅度明显高于其他学生，该组学生的智商明显提高，小学一、二年级的学生尤其显著。实验结果显示，智商高低虽与天赋有关，但机会与期望的影响更大。

19 世纪与 20 世纪之交，另有一项类似“实验”也证实外来期望的强大力量。这桩奇闻的主角是一匹号称会算算术的马，它叫汉斯，出题给它，它就会抬腿蹬地，敲出正确答案，很快就赢得“聪明汉斯”的称号。许多人付钱来看它表演，或出题考它。

有人对此心存疑惑。1911 年，普鲁士科学院的心理学家芬格斯特（Oskar Pfungst）对汉斯展开深入检视。经过长期观察，芬格斯特发现，汉斯其实不懂算术，但它能敏锐感受到旁观者给予的微妙信息，据此决定要蹬几下地。例如，若答案是 5，汉斯蹬到第 5 下的时候，旁观者会释放出微妙信号，如不自觉地扬起眉毛、头部倾斜，汉斯便知道此时该停止了。你瞧！这跟懂不懂数学完全无关，关键在于能否敏锐地感受到环境给予的暗示，并正确解读信息。这种说法尽管难以置信，但有实例为证，它凸显了人类独特的心理倾向：一旦认定是这样，就会设法让情况符合内心所想。

罗森汉听过罗森塔尔与雅各布森的实验，也知道聪明汉斯与理性批判的芬格斯特。不过，他知道的还不只这些。上述实验指出，偏见与情境是左右我们感知现实的关键，而在罗森汉的实验之前，医学领域中从未有人做过相关实验，包括精神病学。而我们可以看到，堂堂宾州州立医院的医学博士，竟然无法正确诊断病情。更糟糕的是，就算他们误诊，也没有人知道。实验结束后，罗森汉与散布全美各地的同伴碰面。就因为一项虚构的幻听症状，有 8 人被诊断为精神分裂症，唯一的例外者也被诊断为同样严重的“躁狂抑郁型精神病”（manic depressive psychosis）。9 人平均住院治疗 19 天，最长 52 天，最短 7 天。此外，罗森汉也发现，所有人在住院期间，都曾受到轻视，最后获准出院的理由都是病情改善。也就是说，医护人员都没发现这些人其实精神正常，都把他们的正常言行举止，视为病情暂时好转的征兆。

当年罗森汉不过 30 多岁，方头大脸，头发稀疏。他喜欢热闹，曾经邀了 50 多人到家里举行宴会。他喜欢奢华的宴会，厨房里甚至有两台洗碗机。同在斯坦福大学任教的好友凯勒（Florence Keller）说：“他能言善道，但总像戴着面具一样，让人无法真正了解。”他确实是这种人。

20 世纪 70 年代初，罗森汉可能满怀喜悦，提笔写下他在假扮病人的实验中的发现。这篇题为《精神病房里的正常人》（*On Being Sane in Insane Places*）的论文宛如炸弹，震撼精神病学界。然而这篇论文却发表于知名期刊《科学》上，这令人倍感意外！因为罗森汉所质疑的正是科学的效度，至少是精神病学的效度。他在论文中提出，精神疾病的诊断并非依据个人内在状况而定，而是受外在情境的操控，因此所有诊断过程必然充斥这类误差，结果并不可靠。

罗森汉的观点引发美国许多精神病医生的全力反驳，他们要捍卫精神医学作为一门科学的地位。这些论点尽管还有待商榷，但却不掩其睿智慧黠：多数医生不会先怀疑前来求诊的病人在说谎，因此病人若故意误导，也可能造成误诊。研究者可以安排病人对医生谎称有心肌梗塞的病史。尽管其心电图并无异常，但也无法保证心脏没有问题，因此医生可能会根据病人自述的病史，给予相关治疗。这种情形确实可能发生，但若以此来论证病人没有病，认为诊断结果不可信，并认为有病没病只是医生个人的认定，那么这样推论就太可笑了。

边缘性人格是宝蓝色的弹球

这些假病人在医院的举动并不正常。正常人会直接走到护士站，告诉医护人员：“我是个正常人，我想测试自己能否假装言行异常，骗过医生。我办到了，医生甚至要我住院治疗。但我现在想出院了。”我个人偏好这个假设：如果我喝下 1 升血，没让任何人知道。然后再随便走进一家医院急诊室，吐出满口鲜血。医护人员的反应可想而知。他们若诊断我是消化道溃疡，且予以治疗，而我却以此来断言医学无法正确诊断病人有没有消化道溃疡，这恐怕难以令人信服。

专攻心理分析的精神病医生斯皮策，任职于哥伦比亚大学生物计量学中心，他应该是最痛恨这项实验的人。他呕心沥血写了两篇论文，洋洋洒洒 30 多页，条理严谨，论据充分，全力驳斥罗森汉的研究结果。我曾打电话给斯皮策。他在电话里问我：“你看过那两篇批驳罗森汉的论文吗？写得还不错吧？”

斯皮策的论文都在捍卫精神病学的专业地位，证明诊断治疗程序确实符合科学规范。他对我说："我相信精神病学的医疗模式。"换言之，他相信精神疾病本质上与肺病、肝病无异，它们都是人体组织的病变，有朝一日必能从脑部组织与神经突触的作用来解释精神疾病。斯皮策在论文中这样回应："结果是什么？照罗森汉所言，所有病人都因'病情改善'而获准出院。'病情改善'的定义很明确，就是没有病征。也就是说，所有精神病医生都看出来了，这些假病人'神智正常'。"

斯皮策随即举例论证精神病学具有充分的信度（credibility），足以定位为一门医学专科。我逐一阅读斯皮策在罗森汉发表实验结果后所写的论文与信件，感觉自己好像钟摆一样来回摆荡，无所适从。罗森汉的研究确有欠缺。假如我喝下1升的血，且在急诊室假装吐血……这个例子能够证明，精神医学与其他医学专科本质上并无不同；不过，且慢，假装吐血应不至于留院治疗52天。再者，吐血的场景多么震撼逼真，而听到"砰、砰、砰"的声音，哪能与其相提并论！思绪来回拉锯，正常、异常，有效、无效。我夹在两边，不知如何取舍。

1976年，罗森汉发表实验结果后的第二年，"我"成为病人。这不是演戏。当时14岁的我因为过度抑郁，住进了美国东岸一所精神病院接受治疗。除了幻觉，其他该出现的症状我都有。我热爱戏剧，时常幻想自己是像伍尔夫（Virginia Woolf）般的文坛新星。然而我不完全是在幻想。我把精神病院称为"箱子"，我在这里看到一些奇特的事物：玻璃围起的护士站，穿条纹制服的人推着金属推车，躁狂症发作的病人汗流浃背，有位女病人脖子套着绳索，陈尸浴室。我还看到很多事，都不是医生想象得到的。

对我而言，精神疾病就是切身现实。我们病人习惯聚在日间活动室，那里烟雾弥漫，简直就像纱线编成的帘幕。我们像小孩交换弹球一样，讨论医生的诊断结果，比如"边缘性人格"（borderline）是宝蓝色的弹球，“精神分裂症”（schizophrenia）是朱红加一抹白，“抑郁症”（depression）是暗沉的灰绿色，混浊如死鱼眼，不怎么受尊敬。自杀过1次，根本不算什么，3次才能让你有点分量，任何疯狂事做上10次，你就会被奉若神明。

精神病院内

我们像监狱囚犯那样兴致勃勃地讨论医生给的标签及治疗，并设想怎么骗过医护人员。有时候甚至分不清我们究竟是先生病才被贴标签，还是因为被贴标签后才变成这样的。我是进了医院才被贴上抑郁症的标签的，就像在医院里感染葡萄球菌的病人。至于有人认为，参与实验的假病人的行为举止不是常人的正常行为，我倒认为他们应该是在故意配合实验，这种心态便与常人无异。

当时医院里有位名叫莎拉的女孩，甜美可爱，就读于著名私立学院，温驯文静，各方面都中规中矩。她每天都很客气地请求出院，每次都被否决。这又是为什么呢？罗森汉的实验报告中提到，医护人员常殴打病人，不仅动作粗暴，而且粗话连篇，公私立医院都有此情形。所幸在我当时住的公私合营的医院，没有医护人员骂过我。我的主治医生姓苏，他不是美国人，留着一撮胡子，不知为什么，他总随身携带棒球手套。我们相处的时间很少，不过我清楚地记得一切有关他的细节，因为我很喜欢他。我们多半在一间小办公室里进行治疗。他会倾身向前，检视我手臂上的伤口是否愈合。我总会用偷来的碎瓷片，在快愈合的旧伤上割出新的伤口。他仔细检视裂开的伤口，语重心长地说："你怎么可以伤害自己！真令人遗憾。"

国王穿没穿衣服的新标准

所有艺术杰作都独特出众，撼动人心，当然也难免会有瑕疵，从这一点来看，罗森汉的实验或许也算得上是艺术。我还是认为罗森汉的实验结果揭示了若干事实：**一是标签影响我们对事物的观感。二是如果精神病学可以称得上是一门科学，那么它必定还处在起步阶段。**因为精神病学发展至今，它对于精神疾病的生理成因依然缺乏充分的了解。**三是虽然不是所有的精神病医生都会草率诊断，但这样的医生确实为数不少，甚至还可能为掩饰心虚而更加自负。**

罗森汉的研究结果让他们更加惶恐不安。这项实验让精神病学界群情激愤，最后更演变为双方的斗法。有一所精神病院的医生自信满满地大声宣称："好！你以为我们徒有虚名，其实你们才愚昧无知。我们就来试试看，接下来的3个月，假病人随你派来，我们一眼就能看出来。放马过来吧！"战帖已下，准备开火。

罗森汉天生不服输，毅然接受挑战。他表示会在3个月内指派若干假病人至该医院就诊。医护人员必须诊断出那些病人其实精神正常。这等于是原先实验的反向操作。3个月过去了。医院极有信心地表示，这段时间他们发现了41名罗森汉派来的假病人。然而罗森汉一个人也没有派。实验到此结束，精神病学自取其辱。

我们曾深信精神病学可以解救世人，消弭一切心灵疾苦。1930—

1960年的30年堪称精神病学的黄金时代，精神分析理论居于主导地位，几乎所有问题都得到解释，追溯过往就能治好当下的精神疾病。精神分析理论逐渐与精神病学合流，俨然成了精神病学的同义词，然而精神疾病的诊断是否严谨却未受重视，这实在令人不解。当时诊断精神疾病的参考是美国《精神障碍诊断与统计手册》（*Diagnostic and Statistical Manual of Mental Disorder*，简称DSM），它至今仍被作为精神障碍诊断的依据。罗森汉进行假病人实验时，精神医学界采用的正是本手册的第二版。以精神分裂症为例，DSM Ⅱ对其主要症状的描述就相当含糊，如：“神经质的反应”（reaction neurosis）、“很难保持亲密的人际关系”（attachment difficulties）。罗森汉指出，用语越模糊，越有可能误诊，事实确是如此。然而当时著名的精神病学家梅耶（Adolph Meyer）却说：“我不觉得有必要为了摆脱质疑，而要做出明确的界定。”这句话反映出当时精神医学界普遍的心态。

尽管精神病学欠缺明确的内涵定义，但它仍维持了一段时间的荣景。民众对精神病医生的诊断深信不疑，甘心花费大笔金钱，接受治疗。罗森汉的好友凯勒说：“当年正是罗森汉率先大声疾呼：‘你们看，国王没穿衣服！’他破除了精神病学的神话，使其自此一蹶不振。这样说一点都不为过。”凯勒任职于帕洛阿图市某医疗单位，担任住院病人的主治心理医生。她接着说：“看看我们身边，还有人投身精神病学吗？就连医疗单位也找不到合适的精神病医生，不会再有新的精神病医生了，因为精神病学现在几乎已是一摊死水。精神病学若想起死回生，就必须找出确切的病理学证据，证实神经元与化学物质对精神疾病的影响，这样也许还能恢复昔日盛况。”

斯皮策有不同的见解。他是应该反驳，毕竟他是精神病医生。斯皮策说：“精神病学领域里，还有许多事情值得探讨。”1973年假病人实验结果发表时，他也提出反驳。斯皮策是力图复兴精神病学的灵魂人物。

他与一群受敬重的同事合作，彻底检验当时使用的精神障碍诊断手册。罗森汉等人得以混入医院，症结就在于对精神疾病的界定不够严谨。因此斯皮策严格检视，屏除那些过时的、流于主观的叙述，舍弃那些抽象空洞的心理学术语，并制定了更为严格的诊断标准，务必使每项标准都可以计量。所有相关症状、持续时间、出现频率，都必须符合严格的准则，这样才能断定为精神疾病。

DSM Ⅲ对于疾病定义常使用以下叙述："病人须出现A类症状至少四种，且持续两周以上，B类症状三种，C类症状一种。"而手册的第二版就没有如此清楚的标准，叙述也较简略含糊。斯皮策表示，第三版比第二版多了约200页，作用在于"捍卫精神病学采用的医学模式"。如果病人符合多数症状，那就是真的病了；如果不符合，就算正常。如果是稍加训练便可伪装的举止反应和历时短暂的焦虑情绪，那医生就不用在意了。

武装到牙齿的精神病学

罗森汉发表研究之后，精神病学界曾尝试从心理层面探究精神疾病的起源，尽管精神可嘉，然而多数都是徒劳无功。20世纪80年代，抑郁症的诊断方式出现崭新突破，医生从若干抑郁症患者尿液中分析出特定的代谢物，这就是肾上腺皮质酮检验（dexamethasone suppression test）。这项发现备受瞩目，大家对此寄予厚望，也许不用多久，诊断抑郁症就会像诊断贫血一样简单。取几滴琥珀色尿液，滴在显微镜的载玻片上，结果就出来了！到底这个人是不是抑郁症，再也不会有争议。

这项发现并非一般人能懂，因此不久便为人淡忘。自此之后，精神病学家尝试发展其他诊断方法，但都宣告失败。近来，佐治亚州埃默里大学（Emory University）内梅罗夫（Charles Nemeroff）的研究应该属于精神病学的重大进展。其研究显示，抑郁症病人的海马比正常人小约15%。此外，被迫离开母鼠的幼鼠，脑部留有较多控制紧张的神经传导物质。实验结果令人欣喜，但还未能确定两者是否存在因果关系。

上述研究看似与罗森汉无关，实则不然。今日许多精神医学的研究，或多或少都是在回应罗森汉提出的挑战，也反映出这些研究者急于摆脱“伪科学家”的质疑。斯皮策说：“DSM 提出新的分类系统，严谨并符合科学。”罗森汉说：“精神疾病的诊断，基本是建立在共识基础上。美国精神医学学会在近日出版的 DSM Ⅱ 中，不再将同性恋列入精神疾病，此举最能反映精神疾病诊断的这种特性。不管对同性恋有何看法，专业组织能投票表决是否将其列为异常的举动凸显出精神疾病诊断的差异，以及精神疾病的诊断易受环境影响的特质。普通大众如果深入了解了同性恋，改变了他们对同性恋的看法，连带着也会改变精神医学对同性恋的认定。”

斯皮策回答：“所有诊断都是人为的分类，然而不能据此而断定所有诊断都不客观。如今我们已采用全新的诊断标准，罗森汉若故伎重演，他绝对不可能得逞。如果他装病前来就诊，精神病医生不会立即要你住院治疗，而会是‘另行观察，延后诊断’。”斯皮策一再强调：“再做那种实验也不会得到同样的结果，现在绝不可能。”

我打算试试看。

同样的秋日，同样的计划

两次实验有许多相似之处。时间都是秋天，湛蓝的天空，树叶开始转红，手掌般的落叶点缀在深绿色的草地上。我丈夫说：“你在搞什么鬼？”我说：“我要仿效罗森汉当年的实验。试试医生会不会让我住院治疗。”他说：“我可要提醒你，你可是有家庭的人！”我边想着斯皮策边说：“不会有事的，我几个小时后就会回来。”“如果没回呢？”他问，我说：“那来救我吧！”

他说：“救你？你以为他们会相信我？他们会把我一起关起来。”他不说话了，手指拨弄着胡子。昏暗的房间里，一只蛾子从窗户飞进来，一头撞在灯泡上。他最后说：“我跟你一起去。”

他最终还是没去，留在家里照顾小孩。我开始准备了，5 天不洗澡不除毛。我打电话给一位向来特立独行的朋友露西，我想借用她的姓名，以免用本名而被识破。

我花很多时间对着镜子练习。我皱眉眯眼，假装忧虑，对自己说，“我听到有‘砰、砰、砰’的声音。”每当看到穿衣镜里浑身臭味，头戴宽扁黑绒帽的自己，我就会忍不住笑出来。如果笑出来了，我马上会被揭穿。我不该笑，我应该仿照罗森汉的实验设计，谎称这个小症状。除此之外，其他问题都据实相告。

与罗森汉的实验相比，我这次实验有一个显著的不同。当年参与实验者都没有任何精神病史，而我的精神病史却相当吓人。我虽然现在一切正常，但数年前却好几次住院治疗。而我决定隐瞒这部分，否认过去有任何精神疾病的相关症状，这个谎言就是和罗森汉的原始实验最大的不同。

我和女儿、丈夫吻别。我 5 天没洗澡，牙齿泛黄，套上沾满漆痕的紧身裤，穿上一件写着“可恨的一代”的 T 恤。我问丈夫：“我看起来怎么样？”他说：“没什么不同。”

我驱车前往医院。早秋时分，开车兜风是最棒的享受了。出了市中心，空气中弥漫着牧草与树叶的芳香，远处一座红色的谷仓矗立田野间，白云掠过蓝天，阳光闪亮耀眼。我选择一所离市区几公里的医院，这所医院设有精神障碍的急诊，口碑极佳。我沿着曲折的车道，来到位于半山腰的医院。

露西·雪慢，砰、砰、砰

我进到熙来攘往的走道，成排铁门巨大森严，精神科急诊室就在后面。我按下某个按钮，对讲机里传来人声：“挂号吗?”我说：“是的。”门忽然打开，完全不像人为操控。3名警卫坐在暗处，警徽闪闪发亮。有位护士带我到挂号处，问我：“姓名?”我回答：“露西·雪慢。”她问：“姓怎么写?”我说：“下雪的雪，慢条斯理的慢。”护士边写边研究这奇怪的字。她说：“好特别的姓!”

我说：“嗯，我们家乡很多人是这个姓。”

她抬头看我，在病历表上飞快地写了一些字，可惜我看不到。怕她误会我胡说，所以再补充说：“我没去过那里，是听长辈说的。”她又问：“信仰?”我答：“犹太教。”我边说边犹豫着该不该说我是基督徒。我是犹太教徒，只是不想让犹太人的身份和负面的事物有所关连。这点偏执的倾向，倒不是每个犹太人都有。

我害怕什么？没有人能监禁我。在罗森汉的研究之后，留置病人的条件更为严格。只要我否认有杀人或自残冲动，我就是自由之身，无需住院。我告诉自己：“你是自由的。”但我的思绪不停地翻腾，有如汹涌的河水搅动砂石淤泥。

我告诉自己，我应付得来，但心里仍慌乱不已，毫无把握。随时有人会识破我的伪装。我一说出“砰、砰、砰”这几个字，任何熟读心理学文献的医生都会说：“你是骗子，我知道这个实验。”而我也只能寄希望于这位精神科医生没看过这些文献资料了。

我对这间急诊室有种莫名的熟悉。护士记下一个不是我的名字，一个不存在的地址。我编了一个念起来好听的住址。我对精神科急诊室并不陌生，以前我确实曾受精神障碍所苦，去过许多精神科急诊室就医，不过那是很久以前的事了。急诊室里的气息让我想起过去：汗水、纱布以及无所不在的虚无。我混进来了，但怎么也兴奋不起来，我只觉得难过，因为这里的某个角落，确实有人饱受精神障碍的折磨。

护士带我进入一个小房间，里头有张担架床，床边有几条黑色束带。她叫我坐下，一名男子随后进入，关门，上锁。他对我说："我是临床护理专家葛佛。我先为你测脉搏。"每分钟 100 下。葛佛说："有点快，按照一般人的标准来说，算很快了。不过在这种地方，谁会不紧张呢？"接着他给我一个亲切温和的笑容。

他说："嗯，要不要喝杯矿泉水？"我还来不及回答，他已经起身离开。过了一会儿，他手拿一只宽口玻璃杯回来，感觉颇为高贵，杯里放着一片淡黄的柠檬片。突然间我觉得那片柠檬好美丽，那圈若有似无的浅黄随着水而晃动，慢慢浮到水面。

他把杯子递给我。这样亲切的服务是我没料想到的。罗森汉写过，他在精神病院受到了非人道待遇。到目前为止，如果有人受到羞辱，那便是葛佛，他简直成了我的私人管家。我喝了一小口，对他说："谢谢。""你还要什么吗？饿不饿？"他又问。我连忙说："不用了，我很好。"他说："我没有恶意，不过你看起来并不好，不然也不会在这里了。所以尽管告诉我，你怎么了？"我说："我一直听到一个声音。"他点头表示了解，在病历表上记下这项症状。

"那声音跟你说什么？"我说："砰、砰、砰。"他不点头了，反问：“砰、砰、砰?”我的回答实在太另类了。一般精神病人幻听的内容通常是预言式的信息，如，天文异象、毒蛇，或哪里有窃听器等。我重复了一遍：“砰、砰、砰。”他问：“就这样吗?”我说：“就这样。”“声音是由小慢慢变大，还是突然一声巨响?”他问。我说：“突然一声巨响。”我脑海中莫名其妙地真的出现坠机的画面。万里晴空，飞机向下俯冲，有人尖叫。我开始觉得有点诡异。我仿佛真的听到了。真是虚实难分，我已经分辨不清什么是谎言，什么是我真实的感受了，而社会心理学家早就对此现象有所研究。我揉了揉太阳穴。

葛佛问：“什么时候开始听到的?”我说：“3 个星期前。”罗森汉等人也是这样回答。他问我饮食睡眠是否正常，是否遭遇突发压力或变故，是否曾遭受过创伤。我一概回答没有。我胃口好，睡眠正常，工作顺利。他说：“你确定吗?”我说：“嗯，不知道这算不算。我小学三、四年级时，邻居布劳先生掉进自家游泳池淹死了。我没有亲眼看到，但听到这个消息还是有些震惊。”

葛佛咬着笔，专注地思考着。我想起布劳先生，他是个传统的犹太人，出事那天是犹太安息日。葛佛说：“你邻居砰的一声掉进水池，而你听见‘砰、砰、砰’。这可能是借由幻听宣泄记忆里的创伤，是创伤后应激障碍（post-traumatic stress disorder）所致。”

我说：“可是那件事真的没什么，不过是……”他说：“我认为邻居溺死这件事导致你心理受创。我要请精神病医生为你鉴定。当然脑部受伤也可能导致创伤后应激障碍，我们会进一步为你做检查。不过我认为可能性很低，所以你可以不用担心。”从他的话中，我能听得出他的自信。

他转身离开，去找精神病医生。我的脉搏突然加快，每分钟至少多跳 50 下。因为我害怕精神病医生立马识破了我的把戏，搞不好还是我认识的人，是我的高中同学或是什么的，到时候我该怎么解释呢？

我们不知道的还多着呢

穿着浅蓝罩袍的精神病医生走进这间上锁的小房间。他注视着我，我把目光移开。他先坐下，接着叹口气说："你听到'砰、砰、砰'的声音。我们能为你做什么？""我希望不要听到这声音，所以才来医院。"我说。他问："声音从哪里来？是脑中发出的还是外头传来的？"

"外头传来的。"

"除了砰、砰、砰，你听过其他声音吗？比如说，要你杀别人或自杀？"

我说："我不想杀人，也不想自杀。"他问："今天星期几？"这下可难倒我了。连续几天放假，让我对时间的感觉有些迟钝，而能否正确断定时间正是精神病医生判断病人正常与否的重要依据。我暗自祈祷，说："星期六。"他在纸上写些东西，接着说："好吧！你现在只听到声音，并没有出现其他任何精神症状。"我问："我是不是像护理师所说，有创伤后应激障碍？"

医生说："关于精神障碍，我们不知道的还多着呢！"他的表情突然转为黯然。他摸摸鼻梁，闭上眼睛，低下头。我发现他头顶微秃。我很想对他说："嘿，别难过，世界上我们不知道的事情还多着呢！"不过我什么也没说。他看起来既沮丧又困惑，终于他开口说："这声音困挠你了吧！"

我回答："多少有一点。"他脸上的阴霾一扫而空，对我说："我开一些治疗精神障碍的药给你。"他语气中带着权威，他的权力终于有了用武之地。

他说：“我给你开维思通（Risperdal），这种药能稳定大脑听觉中枢。”我问：“这表示我精神有问题吗？”他说：“我认为你有患精神障碍的可能。”我早料到他会这样说。维思通是抗精神障碍的处方药，除非医生诊断病人有精神障碍，否则不能开这种药。事实摆在眼前，药物左右诊断结果，而非根据诊断结果决定用药。

在罗森汉的年代，医生引用既存的精神分析模式，判定病人是否异常，而现在则是看有哪些药物可用来做诊断。罗森汉认为：诊断结果与个人实际情形无关。不管当年或现代，这个观点仍禁得起考验。“我看起来像是精神异常吗？”我问。他注视我好长一段时间，终于说：“有一点。”

我伸手把帽子戴正，说：“你在开玩笑！”他说：“你看起来不是很好，很消沉沮丧，这往往是精神疾病的征兆，所以我也会开点抗抑郁剂给你。”

我跟着说：“我看起来很抑郁吗？”这下我真的担心了。对我来说，抑郁比幻觉更可能成真。我以前曾患过抑郁症，谁知道我会不会复发呢？也许我还不自觉，但他已经发现了。也许这项实验让我感到抑郁，甚至精神异常。也许我选择这个实验，正是因为潜意识里我想寻求帮助。突然间，世界被一层阴影笼罩。

他写下处方。问诊过程不到10分钟，我离开医院，竟然还来得及和露西吃顿饭。露西说：“你应该说你听到‘唰、唰、唰’或‘咚、咚、咚’，都比‘砰、砰、砰’好玩多了。”我拿着处方去24小时营业的药店买药。基于实验精神，我服下了维思通，那不过是颗小药丸。当天晚上我睡得很沉，完全听不到一丝声响，我漂浮在梦境中，无重力般飘飘然起来。

那是另一个世界，所有的事物都有模糊的轮廓，不论我多么仔细凝视，都只能猜想那究竟是什么。

维思通就像低脂牛奶

走进急诊室演这出戏，其实挺有趣的。所以之后一连 8 天，我又做了 8 次实验，和罗森汉安排的假病人人数一样多。每一次我都坚称不会危害自己或他人，也保证可以正常工作、照顾小孩，医生判定我无须住院，这是理所当然的。但有一点很奇怪，几乎所有医生都诊断我有抑郁症倾向。然而我拿抑郁量表进行测试，征询朋友意见，请教在精神病科任职的弟弟，结果都显示我一点都不抑郁。顺便说一句，抑郁症绝非无足挂齿的小事，DSM 将抑郁症列入严重精神障碍，生理及心理的异常症状相当显著，不易错判。

朋友家人都说："不会呀！你看起来不像，一点也不抑郁嘛！"然而在急诊室里，尽管我否认出现相关症状，但医师都诊断我疑似抑郁症。此外，所有医师共给我开了 25 种抗精神病药物及 60 种抗抑郁药物。每次问诊都不超过 13 分钟，平均候诊时间却长达两个半小时。除了一个关于宗教倾向的粗略问题外，没人问我的文化背景，没人问我听到的声音是男是女。没有一位医生对我进行全面的精神鉴定，这类鉴定包含一些更仔细的测验，这些测验虽然简单易行，但更能确切反映出与精神疾病相关的思想异常。不过每一所医院都为我测了脉搏。

我打电话到哥伦比亚生物计量学中心，找斯皮策谈谈。我问他："现在如果有人仿效罗森汉的实验，你认为会有什么结果？"他说："医生不会留他住院治疗。"我接着问："医生会不会诊断他有精神障碍呢？"他问："他说的话和罗森汉那伙人一样吗？"我说："是的。"他又问："只有'砰、砰、砰'这类空洞的字眼，没有其他症状？"我说："是的。""我认为，他应该会被列入延后诊断的病例。因为光凭‘砰、砰、砰’这类空洞的字眼，且没有伴随其他症状，是无法提供充分信息的。”他自信地说。

我说：“坦白地说，我做了这个实验！”他说：“你在开玩笑吧？”我隐约听见他声音里的防卫之意。他说：“结果呢？”我告诉他，我的诊断结果不是“延后诊断”，几乎每位医生都诊断我有抑郁症的倾向，还开药给我。他问：“哪一种药？”“抗抑郁和抗精神病的药物。”他问：“哪一种抗精神病药？”我说：“维思通。”他说：“噢！ 维思通的药效很轻。”我复述他的话：“药效很轻？”如果用牛奶做比喻，那这种药就是低脂牛奶？

斯皮策说：“你和罗森汉一样，对精神病学心怀成见，当然可以找到你们所要的结果。”我说：“我来到医院，说我听到‘砰、砰、砰’的声音。医生根据这个症状，给我诊断并开了药，至于这些药是否管用，是否安全，没有人了解。这不是很奇怪吗？”斯皮策什么都没说。

我在想，生物计量实验室到底是什么模样？精神病学家究竟在那里做什么？他们在做生物计量，测量生命吗？此刻，我仿佛看到斯皮策身边有成堆的试管烧杯，分别盛着不同的液体，有忧郁的海蓝色、狂躁的电镀绿色、平稳的淡紫色。斯皮策还是没说话。我很想问他每天在实验室里。究竟做些什么。他突然清清喉咙，说：“我很失望！”听得出他很颓丧。

斯皮策坦率而徐缓地说：“我想医生就是不愿意说：‘我不知道’。”我说：“的确！我也认为现在的医生满脑子只想开药，因而影响了诊断结果，就像罗森汉当年的医生，喜欢认定求诊者必定异常。不管哪个时代，似乎都是一时风潮使然。”

20世纪70年代美国民众被诊断患有精神分裂症的比率是英国的好

几倍，精神分裂症俨然成为流行病。时至今日，抑郁症、创伤后应激障碍、多动症的病人人数急速窜升，起而代之。这些耐人寻味的现象似乎反映了以下问题：**一是多数人的感受和想法影响着某种疾病确诊比例的高低；二是尽管 DSM 详尽列出各种诊断的标准，可以杜绝草率臆测，可以正确分析病人过去的病史、病况发展，进而拟定治疗计划、估计以后的情形。但医生们依旧未能严格依据这些标准做判断。**

没有结果，但一步步前行

两次实验结果还是有所不同，因为我没有住院治疗。没有一位医生要求我住院治疗。我虽然被贴上了错误的标签，但未被监禁隔离。此外，每一位医护人员都很亲切。罗森汉等人感到被医护人员轻视，而我却受到亲切对待。有位医生轻拍着肩膀鼓励我，另一位则告诉我："我知道，听到这种莫名其妙的声音一定把你吓坏了。我认为维思通可以马上改善这种情形。"他的这番话让我感觉分外熟悉，身为心理医生，我也常对病人说："对于你这种情况，这样的治疗是有效的。"这么说并不是要炫耀自己很有能力，而只是想为病人做点什么，给他们点慰藉吧！

我想我遇到的精神病医生应该也是出于同样的动机，而非愚昧无知，随意开药。有位医生边递处方给我，边说："露西，千万别掉进深渊里，希望你一两天之后能回来做追踪检查，你也知道我们这里 24 小时都有人，如果你有任何需要，尽管来，千万别迟疑。"当时我既羞愧又感动，我说："谢谢你对我这么关心，我实在不知道该怎么说。"他说："让自己好起来吧！"

自动玻璃门缓缓打开，他走出诊疗室，我则走出医院。天色已暗，满天繁星好像印在黑色锡片上的硬币，闪着冷冽的光芒，它们仿佛在责怪我。我转身看见急诊室灯火通明，里头传来一阵凄厉的尖叫。急诊室里，人间苦痛纷然杂陈，但有医生相伴照顾，视病如亲，也算是精神病学人性化的一面，值得赞许。

罗森汉根据其实验结果，认为精神病学不足以成为一门专科医学。不过综观我们的疼痛门诊、肿瘤中心、儿科病房，也有许多疾病不论是病源、症状，还是病名，都一样含糊不清。例如，癫痫与初期脑瘤的症状就很难分辨。全凭医生的判断，我们不知道罗森汉究竟得了什么怪病。我们只知道他无法说话，必须靠呼吸机维持生命。至于人为什么会生病，生病后会怎样，该如何治疗才有效，我们一无所知。

我很想为罗森汉做点什么。他目前在美国西部的一所医院里，全身瘫痪，无法言语。他的友人凯勒告诉我：“他遭受了许多打击，3 年前妻子因肺癌去世，两年前女儿在英国车祸身亡。这些变故让他痛苦不堪。”我想如果我告诉他，我不久前效仿了他当年的实验，并得到许多宝贵的经验。他听到应该会很高兴吧！他已经 80 多岁了，人生接近尾声。可能不久之后，他就要进入另一个世界。死亡是人类终将进行的伟大实验，至于结果如何，目前还未有人给予反馈。

我想去探望罗森汉。他儿子说：“我想这时候去并不合适，他还是不能说话，体力也很差。”我想象着自己来到了他的病房，不要他说话，只是站在一旁看看他。我想带着自己的这篇文稿以及他当年论文的复印件去看他，让他看到上面密密麻麻标示重点的注记。我想让他知道，我们的著述会流传下去，日后仍会有人引用。我虽不认识罗森汉，却很喜欢这个人。因为我也喜欢戏谑冒险，也同情受苦的人。我曾经是个精神病人，只要有人愿意了解这个一般人相当陌生的复杂世界，都会让我深受感动。

第4章

珍诺维斯之死

达利与拉丹的助人行为五阶段

达利

1964 年纽约市发生了一起骇人听闻的犯罪事件，该个事件促使当时两位年轻的心理学家达利（John Darley）与拉丹（Bibb Latané）着手研究旁观者的心态。

当时，达利刚在哈佛大学攻读完心理学博士学位，而拉丹刚从密歇根大学毕业，并获得了心理学博士学位。两人皆非犹太人，也从未表示其研究助人行为的动机与纳粹有关。然而在 20 世纪西方社会执着于探究纳粹大屠杀的时代背景下，这项实验结果却广为用以解释这一事件。

达利与拉丹两人设计了一系列的研究，用以测试一般人在哪些情境中会漠视他人的求助，在哪些情境中会毫不犹豫地提供帮助。这个实验表面上与米尔格拉姆的实验相似，但实际上，两者之间的差异还是很大的。米尔格拉姆检视人类对单一权威的服从心态，而达利与拉丹探讨的则是：面对群体危机时，在没有权威主导的情况下，个人会有何反应。

拉丹

美国世贸大楼被袭之后，我订购了两副防毒面具，女儿和我各一副，我先生认为我反应过度，不愿跟我一般见识。这天是2001年9月26日，初秋时分，纽约世贸大楼刚刚倒塌，废墟还在燃烧。我先生说："我们应该重视真正急迫的问题，像是公民的自由越来越少、增兵派驻波斯湾等问题。"可是什么才算真正的当务之急呢？美国当时的情势混沌不明，发展趋势难料。正因为这样，我才订购了防毒面具。当我订购的面具终于邮寄来时，我看着眼前的防毒面具，也开始怀疑自己是否反应过度。

然而，心理学家达利与拉丹，应该不会认为我的行为是过激的。心理学家马勒（Susan Mahler）说："达利与拉丹的研究结果显示，一般人并不知道，处理潜在危机的最佳方法就是以谨慎态度去尝试错误。"我拿起面具试戴，大小刚好，紧贴脸部。我拿着面具，把女儿叫过来试戴。她放声大哭，不肯过来。看来要帮助别人还真不容易。

黑色星期五的血腥命案

1964年，心理学者达利与拉丹都还是助理教授，他们正努力争取更高的学术地位。当时两人并未想过要研究危机处理的行为模式，直到后来发生了一起重大事件。以下是事件的详细描述，事件确实骇人听闻，但更令人心寒不解的是，38位目击者目睹事件过程，却无人伸出援手。

时间是1964年3月13日星期五，黑色星期五。凌晨时分的纽约皇后区，凉爽潮湿，微风轻拂，空气中还有些许融雪的气味。在酒吧担任经理的珍诺维斯下了夜班，正要回家。她28岁，身材纤瘦，面貌姣好，有一双宝石般的绿眼睛。她一人独居，当晚照例把车开进附近的停车场。她停好车，向公寓所在的大楼走去。时间是清晨3点。她一下车就发现遭人尾随，隐约可见一名形迹可疑的男子。她便向右转，走向街角的紧急报警电话。

珍诺维斯

珍诺维斯终究没能走到紧急电话。名叫莫斯里的男子拿刀朝珍诺维斯背部猛刺，她转过身，腹部也中刀了。她浑身是血，大声呼救："救命呀！他拿刀刺我，谁来救救我！"案发地区住家密集，她一呼喊，灯光纷纷亮起。事后莫斯里受审时说，他看到灯光亮起，但他认为"这些人不会下楼"。情况真是如此，当时没人下楼察看，只有人大喊："放过那女孩。"莫斯里跑开，而身中数刀的珍诺维斯，勉强爬行到路边，躺在一家书店门口。

公寓住户的灯光熄灭了，街道又恢复寂静。莫斯里走回他的车，发现四周安静下来，灯光也暗了，于是决定回头完成他要做的事。首先他打开车门，换了顶帽子，接着又潜行回到街上，找到蜷缩在地上、浑身是血的珍诺维斯，继续朝她猛砍，几乎把她的脖子和阴道割裂。珍诺维斯再度尖叫呼救，几分钟后，住家灯光再度亮起。黄色的光点尽管就在眼前，却显得遥不可及。莫斯里再度退却，珍诺维斯则设法爬进所住的公寓大楼里。几分钟后，莫斯里又找到她，再度逞凶施暴。她先大声呼救，但不久之后只能发出微弱呻吟。莫斯里掀开她的裙子，割破她的内裤，发现她月经来了。然而，不管对方是生是死，他脱下裤子，露出生殖器，但却无法勃起，于是他趴在受害者身上磨蹭，达到高潮。

这起案件前后持续超过 35 分钟，从凌晨 3 点 15 分到 3 点 50 分，歹徒三度施暴，每次受害者都尖声呼救，附近住户应该都听见了。尽管他们开灯察看，甚至目睹事件经过，却没有人伸出援手。总共 38 名证人隔着窗户，眼睁睁看着一名女子身中多刀，饱受凌虐。罪行结束后，终于有人打电话报警，不过受害女子已经身亡，救护车前来把她载走，当时是凌晨 4 点，那些目睹一切的人又回房继续睡觉。

你们究竟为什么这么冷漠

一开始大家以为只是皇后区又有夜归妇女遇害，《纽约时报》地方版仅以 4 行字报道这一案件。不久之后，该版主编罗森塔尔得知，当时有许多人目击整起案件，却袖手旁观，因而写下《38 名目击者：珍诺维斯命案》(*Thirty-Eight Witnesses: The Kitty Genovese Case*)，《纽约时报》都市版不仅报道了整起案件，还陆续发表了几篇报道，提及这些旁观者的奇异行径，文章引发全美民众哗然，讨伐之声四起。众多读者写信给《纽约时报》。有位读者说："我认为贵报应该设法取得这些目击者的名单，并公之于众。这些人坐视不管而导致难以挽回的后果，理当受到社会谴责。"一名教授夫人写道："他们的沉默，甚至是懦弱、冷漠，简直让人难以置信。假如现行的纽约州法律不能给予这些人惩处，我们认为贵报应该敦促纽约州议会尽快修订法律。此外，既然这 38 位目击者对道德义务置之不理，我们认为贵报应公布其姓名、地址，以示惩戒。”

纽约大学的达利与哥伦比亚大学的拉丹和许多纽约人，都看过这些读者的反馈，也都想知道为何没有人伸出援手。是冷漠，还是因为其他心理因素？各领域的专家纷纷提出假设来解释这些目击者的反应。纽约巴纳德学院（Barnard College）社会学系教授福克思（Renee Claire Fox）认为，这些目击者的行为是“假性否认”（affect denial）的结果；换言之，他们因为极度惊吓以致无法反应，甚至毫无感觉。巴内教授（Ralph S. Banay）则认为电视应是罪魁祸首，美国人深受电视影响，早已习惯于层出不穷的暴力，因而分不清电视与现实。巴内还以当时流行的心理分析理论解释这一现象，他说：“这些人（目击者）受到外界刺激的催眠,耳朵手脚都不管用了。成熟且人格健全者就不会这样。”十多年后，罗森汉发表了假精神病人实验的结果，着使巴内的说法遭到强烈质疑。知名心理学家门宁格（Karl Menninger）则认为：“群体的冷漠就是一种侵害。”

达利与拉丹并不满意这些解释。他们和米尔格拉姆都是富有实验精神的社会心理学家，相信人格的影响力不及情境。再者，上述说法显然与直觉相悖。若有歹徒强暴并杀害年轻妇女，并且持续近半个小时，以常理判断，应该没有人会袖手旁观。人们只要拿起电话报警，就能帮忙受害者，这是多么容易！这样，既不会有生命或安全上的顾虑，也不会因与这桩案件“有关”而受连累。我们可以确定，这些目击者有的已养儿育女，有的从事救护相关的工作，这些人并不是残忍无情。珍诺维斯遇害当晚，必定有某种神秘力量作祟。那一年，冬天并不寒冷。

有些实验的目的在于验证假设，而有些只想探求答案。达利与拉丹观察此案与美国群众的反应，发现了若干疑点。于是两人开始设计实验。他们不可能以谋杀案件作为场景，因为实验情境会使人突然感到身体不适。他们以研究都市大学学生的适应情况为名义，征求不知情的纽约大学学生参与实验。被试单独坐在一个房间里，通过麦克风谈论自己在纽约大学里遇到的挑战。其他房间架设放音机，里头放着录有其他学生谈话的录音带。所有房间都以音响线连接，被试可以听到其他房间传来的谈话，但不知道那是在放录音，他们以为真的有其他人在场。实验的规则是这样的，每个人用两分钟时间讲述自己遭遇的问题，被试必须依据预定的顺序，聆听录音谈话内容，轮到自己时才能发言。还没轮到的时候，麦克风就不开，被试只能听其他人讲述，方式类似团体治疗。最初参与实验的有 59 名女性，13 名男性。

主试首先播放录音谈话，这名学生自称患有癫痫，他用踌躇为难的语调对“在场其他人”表示，自己的病很容易发作，特别是在考试前。在纽约生活很艰难，纽约大学也不好混，他的声音慢慢减弱。这时另一个声音出现，听起来是个活泼健谈的人。不知情的被试想必以为有另一个人在邻近的房间，绝对想不到只是播放录音带。被试说完之后，接着又陆续播放几段录音访谈，直到状况出现：患有癫痫的那个人发病了。

因为所有人都待在彼此隔离的房间，不知情的被试看不到对方发作的模样，也无法看到或听到“应当在场”的其他人有何反应。假装癫痫发作的人起初说话正常，接着开始胡言乱语，声音越来越大、越来越急切，最后则不断恳求:“我……我觉得，我需要……需要……帮忙，有……有没有……人……能帮帮我？我……我现在……真的……很难过，有人……可以帮我吗？求求你们……我这次发作……很严重，请帮帮我吧！（上气不接下气）……我快死了，救救我！”一阵急促的喘气声后，陷入寂静。

此时唯一在场的听众，应该会认为至少还有一两个甚至更多人在场，其他人随时可能已经起身下楼向主试求救。而主试先前曾宣布，基于保密原则，他会回避，只通过麦克风听被试的讨论。此外，主试也请被试务必遵守规则，依序发言。

85% 的人会在 3 分钟内采取行动

达利与拉丹煞费苦心地设计了这个实验情境，尽可能使其与珍诺维斯命案相仿。这起命案中，目击者知道还有其他目击者，但因各自在家，无从得知彼此的反应。达利与拉丹的实验中，被试可以听到其他人的声音，但房间彼此隔离，看不见其他人。此外，麦克风只在轮到特定人讲话时才打开，因此无法彼此沟通。被试知道有人癫痫发作，其他人也听到了，但因为麦克风未开，所以无法与他人商讨该怎么处理。

达利与拉丹仿效珍诺维斯命案，导演这出癫痫发作的戏，历时 6 分钟。真实事件中受害者连续遭到多次攻击，而实验中的癫痫只发作一次。被试学生有机会去思考是否采取行动。实验发现，只有 31% 的被试采取行动。后续实验结果更让人不解。

达利与拉丹调整“群体人数”后再进行实验，结果发现，被试如果以为当时在场者有 4 人以上，就不会采取行动帮助受害者。但被试如果认为那位同学癫痫发作时，只有自己在场，没有其他人，则 85% 的人会在 3 分钟内采取行动。此外，两人也发现，不论团体人数多少，被试如果在 3 分钟内未向主试报告发生了紧急情况，那么往后也不太可能这么做。所以如果你遭遇劫机事件，最初 3 分钟内若没有反抗，就可能不会有任何行动了。紧急事件中，时间越久越不利。等待越久，会让人越麻痹无能。这点请谨记在心。

时间会影响助人行为的可能性，而群体人数与助人行为的关系则更耐人寻味。你也许认为，人越多，你就会越勇敢，越不怕危险，更会主动伸出援手。我们应该会害怕夜里独行，经过漆黑的窄巷，因为我们害

伊卡鲁斯

怕敌人随时可能出现。我们一直认为，人多势众，比较安全。但从达利与拉丹的实验结果来看，却不是这样。旁观者人数众多往往阻碍助人行为的出现。例如，热闹的庆典会场中，就算你从摩天轮上摔下来，可能也不会有人多看你一眼。希腊神话里的伊卡鲁斯（Icarus），佩带蜡制翅膀飞翔，翅膀不堪阳光照射而融化，他从空中摔落人间，许多人目睹这一切，却都熟视无睹。但若你和另一个人身处沙漠，眼看沙尘暴就要来袭，对方愿意帮助你的概率就高多了，至少根据达利与拉丹的实验结果，可能性达85%。

被试听到有人发病，全都惊慌失措。尽管他们没有采取行动，但也不像我们所想的那样无动于衷。主试从麦克风中听到被试说："天呀，他发作了！"有人不停喘气，有人只说得出："糟了！"有人说："天呀！我该怎么办?"假装发病后6分钟，如果被试仍未采取任何援助行动，主试便会进入其所在的房间。被试无不汗流浃背，全身发抖，开口就问："他没事吧？有人照顾吗?"神情沮丧难过。我们可以想象，那些目击了珍诺维斯命案的人内心应该也饱受煎熬，袖手旁观多半是因为惶恐犹豫，以致手足无措，而非一般所认为的都市人惯有的冷漠无情在作祟。

要珍诺维斯命案的目击者回答为何当时没有帮忙，他们都无言以对。有人说："我不想受牵连。"惊心动魄的35分钟里，内心如何挣扎取舍，没有人说得清。达利与拉丹的被试都是受过高等教育的知识分子，却也不知道自己为何不采取行动。

达利与拉丹推测，没有采取行动的被试并非冷酷无情，而是"还没下定决心要行动”。他们内心充满矛盾，犹豫不决，不知道要不要反应。这种情绪反映了其内心持续不断的冲突。相对而言，其他采取行动的被试的内心就不会出现矛盾冲突。

群体让我们盲目愚昧

拉丹发现，群体规模与采取行动的比率相关。越多人目睹一起事件，个别目击者会自觉责任越少，因为有越多人分摊责任。两人将这种当时还无人知晓的现象称为“责任扩散”（diffusion of responsibility）。责任扩散的作用加上对举止得体的要求，让人对某些生死攸关的情境视而不见。毕竟如果只有我在这里大惊小怪，而只是一场虚惊的话，那多丢脸呀！谁能断定那情况是否真的紧急呢？一名珍诺维斯案的目击者说：“我们以为只是情侣吵架。”多位达利与拉丹的被试说：“我搞不清楚到底发生了什么事。”一名衣衫褴褛的男子倒卧路边，他是心脏病发，还是不小心跌倒？他可能是喝醉酒的流浪汉（如图 4-1），你一靠近察看，就会被他缠上。他也许不想要你帮忙，或许认为你是假好心，搞不好他会大声喝斥，让你在众人面前丢脸。我们的态度、想法与潜在个性，到头来其实就是自以为是，或是怀有偏见歧视。女性主义心理学家吉利根等人曾撰文详述，美国少女以沉默冷淡的方式来面对青春期的茫然混乱。

故事还没结束，且越发让人不解。达利与拉丹发现，我们不去帮助他人，不全是本性无情，更可能是因为知道有其他人在场。万一需要帮忙的“他人”是我们自己怎么办？若我们置身于公共场合，可能遭遇危险，起码也该为自己挺身而出、有所行动吧？关键就在于“可能遭遇危险”。若“确定”有危险，人脑就会挣脱束缚，发出警示。但生活情境多半模棱两可，隐晦模糊，难以判断，紧急情况亦然。

图 4-1 路人为什么漠不关心

如果有天你摸到胸部有硬块，会是乳腺癌吗？房子里出现煤气味，是因为在烧开水吗？达利与拉丹的实验告诉我们，就算以常理推断某个情境确实相当危急，但只要我们从不同角度去解读，结果便会完全不同。紧急情境不是既定事实，而是随人感受而有不同的诠释。也许就是这样，我们才会观望迟疑，没有具体行动。

达利与拉丹二度进行实验，地点在一个有通风口的房间。被试为 4 名大学生，其中 3 名为刻意安排，另外一名被试则不知情。4 人必须坐在房里填写有关大学生活的问卷。几分钟后，达利与拉丹暗中前往大楼管道间，将某种气体释放到被试所在的房间，气体对人无害，却能让人以为发生了紧急情况。一开始，只有些许烟雾缓缓飘进房里，然而不知情的被试已经察觉异样，其他 3 人事先已得到指示，此时必须神态自若，继续填写问卷。

接着烟雾逐渐变浓，加速飘散，最后弥漫了整个房间，在里面只能看见景物模糊的轮廓。后来屋里的人因烟雾呛鼻，开始咳嗽。每一位不知情的被试都面露惊恐，看着烟雾从稀薄转为浓密，尽管不明白其他人为什么会如此镇定，但还是回到座位继续填写问卷。有些被试会走近通风口察看，不过当他看到其他人并不紧张担忧时，便又回到座位继续填表。这种反应真是诡异！有些被试会向他人提到通风口有烟灌入，询问这种情况是否常有。其他人只是耸耸肩，不回答。只有一位被试在 4 分钟内起身下楼，告知主试此事，另有 3 个人在实验结束前告知主试，而剩下其他人完全没有采取行动。这些人之所以将紧急状况解释为空调系统的小故障，是因为他们做判断的依据是旁人的举止神态，而非实质证据。这种解释仿佛魔咒，让他们动弹不得，只能忐忑不安地等待。等到主试进来宣布实验结束时，他们的头发、嘴唇都已蒙上一层薄薄的白色粉尘。

这实在很有趣！这个实验反映出人类本性的愚昧。我们宁愿拿生命冒险，也不愿破除刻板观念，即使面临生死关头，还要顾虑举止是否得体。这是多么不合常理呀！达利与拉丹后来改变实验设计，让被试独自在房间里。几乎每个人一看到烟雾弥漫，都认为是发生了紧急事件，立即通报主试。

自杀会传染吗

社会暗示作用（social cuing）、旁观者效应（bystander effect）、人众无知（pluralistic ignorance），其实只是用专业词汇表述上述诡异的行径。我家对面有间美丽的教堂，石头外墙上布满青苔。有时我会上教堂听圣歌。每周日布道仪式结束后，就会有个捐款篮子传遍在场信众。

研究珍诺维斯命案与烟雾实验时的某个星期天，我发现在第一位信众还没拿到捐款篮之前，里头就已经放了一些钞票。几个星期后，在酒吧当调酒师的姐姐告诉我，她每晚都会先放几张钞票在装小费的高脚杯中，“这样可以拿到比较多的小费。顾客以为前面的人给过了，就会跟着做”。模仿是人的本能。

达利与拉丹的实验促使动物学家着手研究，野生动物是否也有类似的倾向。例如，长颈鹿会先左顾右盼，确定四下无人后，再吃掉树叶吗？灵长类动物会根据群体反应，再决定接下来要怎么做吗？据说小火鸡必须发出一种很特别的叫声，母火鸡听到后，才会去照顾它们。如果小火鸡没有发出那种叫声，母火鸡就不会去哺育小鸡，小鸡就会饿死。科学家录下那种叫声，把放音机绑在火鸡的天敌臭鼬身上，播放录音带，观察母火鸡的反应。这种环境暗示的力量惊人，母火鸡循声前去哺育小火鸡，反被臭鼬吃掉了。

动物学家因此认为，动物与生俱来就会受特定社会暗示的影响。而人类所受的社会暗示则是后天学习的产物，两者是不同的。因此科学家认为人类应该不具有“接受暗示”的基因，但我有不同的看法。我们所处的世界充斥许多复杂信号，涵盖细胞、化学、文化等各个层面，不论体内发出的，还是体外传来的，信号传递从不间断。大量信号稍纵即逝，根本没时间逐一检视所有证据，更没有时间经过审慎思考之后再做出反应，如果真要这样做，我们会先累瘫了。

社会暗示让我们知道，什么时候跳舞、什么时候领圣餐、什么时候做爱最恰当。不过达利与拉丹的研究指出，这套解读信息的机制并非万无一失。加州大学社会学家菲利普斯（David Phillips）分析联邦调查局与加州警署的资料，发现了一个相当怪异的现象，若有自杀案件发生且经媒体大肆披露后，坠机与车祸的死亡人数顿时增加许多，菲利普斯称之为“维特效应”（the Werther effect）。

典故源于18世纪德国文豪歌德之名著《少年维特的烦恼》（*The Sorrows of Young Werther*），书中饱受感情折磨的虚构人物少年维特，最后因感情受挫而自杀。此书问世后，引发当时一阵自杀潮。菲利普斯检视美国1947—1968年的自杀资料发现，媒体以头条报道自杀案件后两个月内，自杀人数比平均值多了58人，更奇怪的是，就连车祸与坠机事件也随之增多。社会科学家西奥迪尼（Robert Cialdini）这样写："我认为菲利普斯的见解独到过人。如果这些重大事故是有意模仿自杀事件的话，那么自杀报道确实致使重大事故的增加。可能有人为了某种理由，不想让人认为他们是自杀身亡；也许是为了保住声誉，并希望家属能领到保险理赔金，所以才暗地里刻意让自己驾驶的车子或飞机发生事故。"

我只觉得难以置信。我能理解有人仿效这些事件而自杀，但维特效应或社会暗示的力量真有那么强吗？某位名人的自杀居然能导致飞机驾驶员起而效之，进而引发坠机事件！达利在电话中说："确实有人受某种暗示而决意结束生命。但说坠机事件是蓄意自杀，也太夸张了。"西奥迪尼则坚持这些资料翔实可靠。他目前仍活跃于社会心理学领域，其论述常被人引述。他曾写过一本探讨社会暗示作用的书。他在书中写道："不知有多少无辜生命在这种生死抉择中丧命，实在令人惊心。这些数据对我影响重大。我开始留意报纸头版是否有自杀案件的报道，这些事件刚披露那阵子，我会变得比较谨慎，特别留意身后的车辆，往来旅行能不搭飞机就不搭。如果非得在这段时间搭飞机，我会投保更高额的保险。报纸若以头版刊登自杀事件，必会影响旅行安全。菲利普斯博士已证实，这并非危言耸听，我们最好别掉以轻心。"

过去一个月，媒体接连报道多起自杀事件，自杀热潮未见消退。不知西奥迪尼会有什么反应？也许藏身自己建造的平房里吧！我打电话给他，一位女士告诉我，他在德国，短期内不会回来。我问她："他是怕坐飞机吗？"她说："现在时局这么糟糕，后续还会有更多攻击事件。他深知这是社会暗示作用的必然结果。"

注射冷漠预防针

时局如此，谁都快乐不起来！股市指数下跌，动物焦躁不安，世界各地，许许多多像西奥迪尼、达利、维特这样的人都断言，坏事将接踵而至，愚昧终致自食恶果。媒体充斥各种消息，我们只能随之起舞，事件一一掠过眼前，让人只觉头晕脑胀。

我们究竟可以希望什么？你已读过几位心理学家的实验，米尔格拉姆的实验让你对人性失望，斯金纳的实验让你困惑，罗森汉的发现反映出人性的愚昧。本章的实验让你备感威胁，也许即使真的遭受电击都没这么危险。你觉得染上了致命的疾病，我们彼此相互传染，到最后所有人都束手无策，只会推卸责任，困惑不已。这种情况能够避免吗？

比曼（Arthur Beaman）是蒙大拿大学的社会科学家，1979 年在《人格与社会心理学学报》（*The Personality and Social Psychology Bulletin*）上发表与人合撰的研究论文。这篇论文价值极高，可惜并未获得应有的重视。这篇论文篇幅极短，但随手拈来，看到的全是相关系数、双尾检验等量化符号。也许就是因为这些因素，所以这篇论文一直默默无闻。科学实验需要某些特质，才能超越学术抽象的藩篱，如高明的表达技巧、适度的含糊其词与耸动震撼、若干的转折起伏。

比曼的写作风格晦涩难懂，然而若能尝试突破这层表象，便能了解他的研究结果：如果能教导人们，使其了解社会暗示作用、人众无知、旁观者效应等观念，那么就像为我们注射了疫苗，多少能抑制这些行为反应的出现。因为比曼发现，人一旦知道自己有多容易因为偏颇的解读而错失关键时刻，那么就会设法不让自己因此受害。

比曼找来一群大学生，让这些学生观看有关达利与拉丹设计的癫痫发作与烟雾实验的影片，循序渐进地让他们了解达利与拉丹提出的助人行为五阶段。

觉察：你注意到有事情发生，而你可能帮得上忙。

理解：你认为有人需要帮助。

责任：你自觉应该帮忙。

判断：你决定要怎么做。

行动：你采取行动。

这些学生看过影片，知道了优良公民的极致表现必经的五阶段。和未接触相关课程的学生相比，前者主动助人的比例几乎是后者的两倍。上过相关课程的学生，或许是对冷漠产生了抗体，对生活中随时可能发生的意外急难，他们会主动伸出援手。既然教育可以有效提高助人的比率，促成有效的危机处理，那为什么这方面的知识却不是学校课程的必教内容？这是我们必须检讨的问题。把这些知识纳入必修的急救课程，甚至公告在公益事业的布告栏。当今美国局势空前危急，我们更需要了解该怎么做。

助人之路依然曲折迂回

这些我都知道了，我的准备理当更充分。政治人物告诉我们，照顾好自己，但也不要忽略可疑的线索。美国有史以来最大规模的恐怖袭击事件过了一星期，流言沸沸扬扬，据说这周末会发生第二波袭击。每个人都说："你得先照顾好自己。"

没错，但我们还能做什么？所以我不顾众人劝阻，还是前往市区。秋天的波士顿，景色宜人，阳光和煦，市立墓园的草地宛如一片绿色海洋。我走到比根山一带，眺望州议会的金色圆顶。我从小最爱这栋建筑，以前常会幻想圆顶之下聚集了各式各样长着翅膀的怪物。

此时政治人物不见人影，我却在铁栅门边看到一名貌不惊人的少年，十八九岁，理个大光头，刺了一个蓝色十字，想不注意都难。他穿着某种制服，绑带式的黑皮靴，手臂上茂密的毛发闪着微光。他口袋鼓起，看起来很可疑，好像是刀柄之类的东西。他站在街角，不想引人注意，手中的笔不知在画些什么。

前几天才听说，底特律的防空洞发现好几幅大使馆和机场的位置图，另外还找到如何驾驶飞机喷洒农药的手册。少年喃喃自语，看不出在说什么。我回想先前读过的许多资料，知道旁观者会有何反应，但此刻我还是不确定自己该做什么。最保险的做法是通报相关单位有可疑人士出现。可是这样做真的很可笑!

这问题和教育有关。你首先得确认需要采取行动。但是世事纠结晦涩多于清楚明了，你很难断定到底需不需要。我走近这名面貌丑陋的少年，他也许是盲目沉迷纳粹的新世代，也许他是父母心目中既体贴又叛逆的儿子。他似乎感到有人逼近，突然转头看我，只见他绿色眼珠澄净如水。我勉强挤出微笑。他来回打量我，也对我笑了笑。

我们并未交谈，但他知道我在想什么。他快笔涂写的东西、军人特有的蹲姿、大光头，处处都让人有不祥的预感。他手上的铅笔很短，粗圆的黑色笔心画下极粗的线条，看不出画的是什么。少年把素描本翻转给我看，我终于知道他在忙什么了。纸上没有出入路线或可疑的符号，只画了州议会前草地上的一棵树，枝繁叶茂，层层交叠。

我没有细看，只觉得那幅画很美。少年把画从素描本上撕下来送我。我把画挂在书桌前，一边写这篇文章，一边偶尔抬头看着一片片树叶。

交叠的树叶传递信息、秘密以及多重含意。现在我知道了助人的五个阶段，我也知道故事仍会曲折迂回。

第5章

撒谎有理

费斯汀格与认知不协调理论

费斯汀格（Leon Festinger）生于1919年5月8日，父母都是俄罗斯人。

他先在纽约市立大学取得心理学学士学位，再到艾奥瓦大学攻读硕士，师从于著名的德裔心理学家勒温（Kurt Lewin）[①]，后来勒温与费斯汀格转赴麻省理工学院继续研究。勒温去世后，他于1948年担任了密歇根大学群体动力学研究中心的主任。

1975年费斯汀格发表了其最著名的论著《认知不协调理论》（*A Theory of Cognitive Dissonance*）。他在书中写道："个体如果同时持有相互抵触的观念（即认知结果），那么思想对立的最终结果就是衍生出一股力量，进而改变个体的行为或态度。个体有时未必如一般所认为的那样，改变行为以符合信念，反而可能改变信念，使其能合理地解释行为。"

① 勒温，德国心理学家，场论的创始人，社会心理学的先驱，以研究人类动机和群体动力学而著称。——译者注

基奇（Marion Keech）与阿姆斯特朗（Armstrong）医生住在明尼阿波利斯，绰号湖城。基奇是个平凡的家庭主妇，阿姆斯特朗在邻近医院任职，两人相识于某个研究飞碟的社团。湖城空旷辽阔，冬季风很大，天很冷，雪花从乌云中飘落，仿佛寓意深远的信息从天而降。

两人在此平静度日。直到有一天，基奇收到一封极为特殊的信，发信者自称沙纳达（Sananda）。基奇感应到某种强烈的震动，不由自主地用颤抖的手，在笔记本上写下这些字句："大西洋海床不断上升，沿岸陆地将为海水淹没，法国沉入海底……俄罗斯变成汪洋大海，巨浪袭击落基山脉……这一切都是为了净化人间，重建世界新秩序。"这些信息如排山倒海般急速涌现，警告基奇 1954 年 12 月 21 日午夜将有洪水爆发，只有相信沙纳达的人才能得救。

基奇相信沙纳达的警告，阿姆斯特朗医生也相信。陆续有人加入他们的行列，着手准备迎接洪水来临。当时正值 11 月，太阳很早就下山了，黑暗如柏油般蔓延，吞噬一切。这些信徒曾通过媒体发表公开声明，但随即与外界断绝接触，因为只有少数人是沙纳达的选民，而且他们也不忍心让越来越多的人陷入恐慌。

世界末日即将降临

然而消息还是在美国中西部广为流传，从爱达荷州到艾奥瓦州，许多民众都感到好奇不解。当年31岁的心理学家费斯汀格在附近的明尼苏达大学任教，他对这群人有所耳闻，并决定混迹其中。他想知道，万一到了12月21日午夜，没有太空船、没下雨，这些人会有何反应？还会相信预言吗？费斯汀格想知道，要是预言失灵，这些人会有什么反应？

费斯汀格找了一些人伪装成信徒，混入其中。他们发现这群信徒深信天谕即将成真，准备工作做得细致周到。有位女信徒辞掉工作，变卖家产，带着还在襁褓中的女儿，住进基奇家中。阿姆斯特朗医生因为坚信必有大洪水，所以连问诊时也不断对病人讲道，严重妨碍了工作，因而遭到解雇。不过这都无所谓，因为俗物虚名与沙纳达救不救你无关，也不影响能否到远方星球开始新生。这些信徒相信，这颗星球距离遥远，肉眼无法看见。

洪水到来的前夕，信徒聚集在基奇家的客厅，等候指示，其中也包括伪装成信徒的研究者。有些指示是信徒在纸上随意涂写的文字，有些信徒则声称接到了外星人的电话。在一般人看来，这简直就是在胡闹，但信众却都能解读其中隐含的重要信息。有人听到电话那头说：“嗨，我的浴室淹水了，要不要过来庆祝？”这显然是沙纳达的特别助理发出的暗号，信徒为此很高兴。还有人在客厅地毯上发现一小块锡片，这块不知从哪来的锡片是要提醒信徒，进入太空船之前务必取下身上的金属物品。10分钟后太空船就要在附近降落，女性信徒赶快扯下胸罩搭扣，男性信徒用力扯下钮扣，有位研究者穿了拉链式的长裤，因此受到排挤，被赶进卧室，阿姆斯特朗医生也在里头。他焦躁慌张，呼吸沉重，一边注视着时钟，一边忙着锯断阻碍视线的树枝，少了树枝的屏障，冷风便直接灌入室内。

23点50分，离午夜12点还有10分钟。这些人辞去工作，卖掉房子，疏离亲友，把希望全都寄托在今晚。基奇家两个时钟滴答作响，刚开始听，还像是规律的心跳，越接近午夜，声音越像是某种不祥的预兆。过了12点，寒冬的夜空没有落下一滴雨，干燥的地面就像《圣经》里的迦南之地（Canaan）①。有些信徒显然深受打击，频频拭泪。其他人则呆坐在沙发上，茫然地望着空无一物的天空。还有人从窗帘缝隙向外看，强光把庭院照得如同白昼，没等到原本该来接他们的太空船，却等到一群打算看笑话的电视台记者。

这件大事发生之前，信徒除了通过媒体发表一篇警讯之外，对于公开露面的场合几乎全数回绝。尽管如此，灾难将至的预言仍在中西部各地传开，信徒也接到许多采访的邀约。而当天夜里，时间逐渐流逝，天空就是不下雨，此时费斯汀格观察到一项奇怪的变化。

信徒拉开了窗帘，迎向在外守候的记者。他们殷勤地邀请记者入内享用茶水点心。基奇坐在客厅椅子上，她感受到有股强烈的力量正传来紧急的信息，要尽快写下来，尽可能与所有媒体联络，并告知洪水不会降临，因为“信徒静坐整晚，人虽少但心意虔诚，上帝都感受到了，所以决定拯救地球免于毁灭”。基奇打电话给美国广播公司、哥伦比亚广播公司、《纽约时报》等，表示愿意接受采访，她的态度发生了180度的大转变。

凌晨4点，一名新闻节目主持人打电话来。他先前也曾来电，询问

① 位于巴勒斯坦南部，气候干燥炎热。——译者注

基奇是否愿意上节目，为世界末日而狂欢。显而易见的嘲讽口吻惹恼了基奇，随即严词拒绝了他的要求。此时他再度来电，并等着看她预言失灵的笑话，基奇却说："现在你马上过来吧！"信徒们打电话给各大媒体，一连好几天，接受数十场采访，目的都在说服世人，他们的信念并未落空，所做的事也非白忙一场。当他们得知12月21日意大利发生地震后，喜出望外地表示："地表确实'在'滑动。"

上帝失约，是因为他太感动了

于是我们看到信徒为了拉近信念与现实的落差，想尽各种方法自圆其说，把断层、地震都扯上了关系。他们满口都是牵强的解释，还固执己见，我们可以想象在场的费斯汀格会觉得这有多荒谬和可悲！费斯汀格总结这些现象，提出推论。一旦宗教团体秉持的信念与现实不符，此时信徒就会改变信仰。因为信徒已无计可施，只能采取这种防御机制。信仰明显悖离事实，就像石板表面来回刮摩的尖锐声响，令人难以忍受。这群信徒为了舒缓内心矛盾带来的冲击，势必会改变信仰。

在对宗教狂热者的研究之后，费斯汀格与同事也着手从其他方面探究认知不协调。他们曾将被试分为两组，其中一组的成员，如果说谎，每人可得20美元，另一组说谎者却只能得到1美元。他们发现，只能得到1美元的被试，事后宣称相信自己所言属实的比例，明显高于说谎可得20美元的被试。为什么会这样？

费斯汀格认为，两组人都要为说谎行为提出合理解释，但区区1美元很难成为说谎的合理解释。你又善良又聪明，聪明善良的人做坏事，必定有更充分的理由。谎言无法收回，少得可怜的酬劳也落入口袋，你只能改变想法来配合行为，以此来解释这种和自我形象矛盾的行为，拉近两者的差距。至于说谎可得20美元的被试，他们不必改变想法。他们表示:“**没错，我说谎了。我刚说的话都不是真的。不过我得到了很不错的报酬。**”这些被试不会感受到强烈的矛盾冲突，因为他们撒谎有显而易见且强有力的解释：轻而易举就能得到丰厚的酬劳。

认知不协调理论席卷美国心理学界。阿伦森说:“就像暴风横扫一切。只有认知不协调理论能够圆满解释这种令人不解的行为。这就是答案。”我们总认为，洗脑要能奏效，一定得借助酷刑威胁或重金利诱。但认知不协调理论认为，某人从事与其信念相抵触的行为，所得的奖赏越微薄，此人越有可能改变原先的信念。

费斯汀格和学生将认知不协调区分为若干形态。狂热教徒的反应属于信仰破灭型（Belief/Disconfirmation Paradigm），为钱说谎者则是奖赏不足型（Insufficient Rewards Paradigm）；还有一种诱导服从型（Induced Compliance Paradigm），这种类型以想加入大学兄弟会的新生为代表。依照惯例，想入会的新生需要先接受学长的一番恶整。费斯汀格让这些新生接受轻重不等的捉弄欺凌。结果发现，遭严重欺侮的新生，对所属群体表现的服从度和忠诚度都高于其他新生。

费斯汀格这些简单的实验，颠覆了整个心理学界，也让斯金纳摔了重重一跤。斯金纳认为，行为会因奖赏而增强，因处罚而削弱。但身形瘦小、秃头邋遢的费斯汀格轻松比画了几下，就指出，行为主义错了。人类的确受奖赏处罚所驱使，然而掌控人类的并非丰厚的奖励，而是某种更微妙的东西。鸽子老鼠不会这样，实验箱也测不出来。人类受思想引导，想让自己心安理得。斯金纳宣称自由意志不存在，人类只有受条件影响的机械式反应。矮小精壮、语带嘲讽的费斯汀格，挺身而出，把复杂的大脑还给我们。他说:“人类行为不能单以奖赏理论解释。人会‘思考’，为了解释虚伪行径，脑部反应会千变万化，令人叹为观止。”

费斯汀格对人性并不乐观。他每天抽两包骆驼牌无过滤嘴的香烟，

69岁时死于肝癌。他认为人类并不理性，只是懂得寻找合理解释。这种思想接近存在主义。加缪（Camus）认为人类毕生都在设法说服自己的存在并不荒谬。

植物人是拯救世人的圣灵吗

说到合理化，我知道一则极具代表性的真实故事，费斯汀格应该会感兴趣。故事发生在马萨诸塞州的一个小地方——伍斯特，离我住处不远，主角名叫琳达。她女儿奥黛莉3岁那年，掉进了自家的游泳池，被人发现在泳池深处漂浮。送到医院后，她虽恢复了生命迹象，但脑部严重受损，成了植物人，只剩下心跳、排汗等基本的生理功能。

我看过许多关于琳达的报道，地方电视台曾多次报道她的遭遇，一方面大家钦佩她的毅力，另一方面，却把她当怪人看。琳达把女儿抱回家。奥黛莉喉咙上被医生钻了一个洞，插入生命维持器。琳达每天为她洗澡、翻身，让她皮肤保持光滑，没有褥疮。琳达是极虔诚的天主教徒，所以她让奥黛莉躺在缎面的心形枕头上，身边摆满宗教饰物。奥黛莉的床的上方有个突起的壁架，上面摆放着好几尊大小不一的陶瓷雕像，其中一尊是耶稣雕像。

据报道，奥黛莉发生意外后几个月，琳达的丈夫便离家出走，留下身无分文的她和另外3个孩子。接着奇异现象陆续出现。奥黛莉床上的摆饰自行变动了位置，转向面对神龛，耶稣雕像手掌上的伤口流出了鲜血，不知名的油脂从圣者雕像的脸庞滴下。奥黛莉偶尔睁开眼睛，眼珠来回转动。每年四旬节（复活节前40天），她就开始痛苦尖叫，复活节一到，便又沉沉睡去。

开始有人来找奥黛莉求助，其中有人患有多发性硬化症，有些则是得了脑癌、心脏病、抑郁症等重大疾病。他们来到琳达家，取回雕像上神秘的圣油。琳达家中的奇迹接踵出现，生病的信徒跪在奥黛莉的床边，随即不药而愈。瞎眼的人突然恢复视力，而奥黛莉却七孔流血，她仿佛承受了整个世界的罪愆。琳达强调自己没有故弄玄虚，她知道奥黛莉是圣徒，上帝选择她担任受难的圣灵，承担他人的苦难，治愈世人的病痛。这些神迹琳达都亲眼目睹。而奥黛莉溺水那天是8月9日，上午11点2分。多年前的这一天，美国在长崎投下原子弹。琳达认为此事让世人蒙羞，奥黛莉之所以会发生意外，正是要为世人赎罪。

琳达的反应完全符合费斯汀格的认知不协调理论。她受不了打击，因而扭曲事实，认定女儿是为了给世人赎罪而牺牲自己，从而引出一连串合理化的解释，让认知与现实回复调和。琳达可谓是认知不协调理论的最佳实例。不知道她对此有何看法?

电话那头传来琳达粗哑缓慢的声音，这让我有点意外。我告诉她，我是作家，曾在电视上看到过她的事情，目前正在研究信仰、信念，和一个名叫费斯汀格的人……

“你若是记者想来拍照，我现在就告诉你，先去征询教会……”

我说:“我不是记者，我只想请教，你听过费斯汀格这个人和他的实验……”她说:“费斯汀格……”就没再说话。我说:“曾有一群人相信上帝会在12月21日派人来拯救他们，但那天到了，却没有人来。费斯汀格是位心理学家，他研究这群人会有什么样的反应。”电话那头很久都没声音。我竟然说什么没有人来拯救他们，感觉很残忍。

电话那头传来神秘的碰撞声，还听到乌鸦一边振翅、一边嘶嚎。“费斯汀格,他是犹太人吗?”我说:“是的。”她说:“犹太人很会问问题。”我说:“那天主教徒呢?”琳达说:“我们也会质疑。我们相信上帝，但也不是从不质疑。就算你可以和耶稣沟通，有时还是会有些许动摇。”她停下来，我听见她的声音略带哽咽。

我说："那你呢？你也有怀疑的时候吗？"琳达继续说："7年前我得了乳腺癌，最近第5次复发。我只想说，我累了。""奥黛莉能治好你的病……"

琳达打断我的问题，提高音调说道："你想知道事实？你和那个费斯汀格想知道这是怎么一回事？老实告诉你吧！我在特别倒霉的时候，就像今天吧，我会怀疑这些痛苦折磨到底有何意义。你听清楚了吗？"

认知不协调理论无法言说的

费斯汀格说："调和一致，是人类追求的境界。所以我们往往只注意到符合自己信仰的信息，习惯与认同我们信仰的人往来，当遇到矛盾冲突的信息时，如果它可能危及现有信仰体系的稳定，我们就会忽略它。"

不过琳达的遭遇凸显出认知不协调理论与其实验设计的缺失。此时此刻，离我不远的某个地方，有名妇女陷入幽黯深渊。她得了癌症，而女儿治不好她的病，这些事实都与她多年来的虔诚信念相抵触。照理说，她应该会寻找合理化的解释，来弥补两者的落差，然而她并没有这么做。琳达不再执着于合理化的解释，而打算彻底改变，建构新的信念，而新的信念会是什么？矛盾导致怀疑，怀疑引出新观点。费斯汀格从未探讨这个现象。他也不曾探究为什么有人选择寻找合理解释，而其他人则决定改变信念。

我想到琳达，也想到其他人。为什么牛顿不认为是上帝的手摘下苹果，而是地心引力作用？为什么哥伦布相信地球是圆的？历史上有许多人，他们并未掩耳不听真话，而是深入研究矛盾现象，愿意面对可能出

阿伦森

现的改变。费斯汀格其实也是这种人。当时斯金纳行为学派大行其道，而他的观点与实验都与行为理论截然不同，为何他却执意探索?

加州大学圣克鲁兹分校荣誉教授阿伦森（Elliot Aronson），是认知不协调研究领域首屈一指的学者。他说："认知不协调理论的本意，并不在于探讨人类思想如何改变。"我问："你不觉得这是认知不协调理论的缺陷吗？有人创新突破，消除不协调，而有人却闪避掩饰。探究这些差异现象不是很有意义吗?"

阿伦森暂停片刻，又说："十多年前，在琼斯镇（Jonestown）教徒集体自杀事件[①]中，900多人以自杀作为消除认知不协调的手段。有些人不会采取这种方式，但有900多人这样做已是非同小可了。认知不协调理论就是着眼于这些坚持信念、至死方休的多数人。"

我也研究心理学，但不像费斯汀格那样有成就。和琳达谈过后，我有个想法：认知不协调理论的不足之处在于，它只能解释我们如何将思想化为行动，却不能解释我们如何改变思想。如此一来，认知不协调只剩下一种诠释，单调而缺乏人性。其实有些声响尽管突兀，但反而能让我们感觉更敏锐，更有激发创新的可能。

我问阿伦森："有人面对失调时，会融合新旧信息，创造新的思考模式，认知不协调理论若不去探究这些人，岂不是错失人类经验的重要方

① 20世纪70年代，旧金山的牧师琼斯（Jim Jones）宣称自己是上帝的代言人，在南美洲的琼斯镇创立"人民圣殿教"（People's Temple）。1978年，他率领913名信徒集体自杀殉道。——译者注

面?”面对矛盾，有人设法寻找解释，有人则修正调整信念。阿伦森会怎么解释这种差异呢?更重要的是，思维模式的重大转变，可能需要数天、数周、数月，才能调适成功，在这段过渡期，这些人该如何面对新旧思维的对立拉锯?怎样才能像他们一样，能够包容不同甚至完全对立的意见，以追求更开阔丰富的人生?

阿伦森对我说:“那已经属于个人成长的领域啦!我想，能面对矛盾、诚实自省的人应该比较有自尊心，要不就是他们的自尊已经低到怎样都无所谓了，所以反而可以大胆说出这样的话:‘哇!我深信的每件事都没有意义，我真是个怪人!’”

“你曾经做过这方面的实验吗?这些人都是什么来历?他们怎样面对冲突?你有资料吗?”阿伦森说:“我没有任何资料，因为我找不到人来做这样的实验。你说的那种人太少见了。”

造访圣徒之母

我亲自造访琳达。伍斯特距离我家约 1 小时车程，那里早期因煤矿业兴起，如今已没落，沿路可见空无一人的工厂与破旧简陋的商店。我边开车边想，琳达如果不再坚持女儿具有通灵神性，不再认定这一切苦难都是在为世人赎罪，她还剩下什么?怎样的新信念可以让她感到平静?矛盾冲突可以让人思想变得更深刻，但想得越多也越有风险，一不小心就可能钻牛角尖，走火入魔，受到更大的刺激或伤害。

琳达家位于一条樱花盛开的路边，寻常的平房漆成米黄色。我按了门铃，有个声音传来:“到旁边的祈祷堂等我。”我以为是琳达在说话。我把耳朵贴在门上倾听片刻，听到的是呼噜呼噜的喉音，还有便盆撞击的声音，那是奥黛莉，她已经 18 岁了。

我找到车库里的祈祷堂，那里潮湿阴暗，到处都是出油的雕像，下巴绑着小杯子，杯子里盛着神圣的分泌物。有位女性走进来，她眼神空洞，手上拿着一罐棉花球，对我说："我叫露比，这里的义工。"她拿起棉花球擦拭雕像上的油渍，再把这些东西都放入密封袋中。她说："这些都有人订了，这是圣油，什么病都治得好。"

我很想问露比，为何神奇的圣油帮不了圣徒之母琳达，治不好她的病。但是我什么都没说，只是静静地看着露比走来走去，用棉球轻拍出油的地方，终于我忍不住问："你确定不是有人偷偷把油抹在雕像脸上?"她转身看我。她说："谁会这么做?"我耸耸肩。她说："我亲眼看见奇迹。有一天我站在奥黛莉床边，突然一尊雕像开始出油，像鲜血一样涌出。所以我知道这是真的。"

祈祷堂的门开了，午后耀眼的阳光透进这个潮湿阴暗的地方，琳达走进来。她的头发刻意烫卷，有些不自然。苍白的脸庞布满岁月的痕迹，大大的圆耳环在脸颊两侧晃动。我说："谢谢你答应见我。你这么不舒服，仍愿意与我讨论你的信仰。谢谢你。"

琳达不置可否。她坐下来，一只脚来回晃呀晃，像个小孩。她说："我的信仰应该从胚胎形成前就存在了，不然的话我现在还不知道在哪里。"我问她："你所谓的信仰是什么?"她说："相信一切都是上帝安排的。要这样想不容易，因为我很矮，你也是，我们都是拿破仑那一类的。很难相信上帝会这样安排。"琳达发出一阵咯咯的笑声。

我端详她的脸。她两眼炯炯有神，仍难以掩饰些许深沉的恐惧。我问："你在电话里告诉我，你的信仰开始动摇，你开始质疑你的女儿是不是圣徒……"我有点迟疑。琳达扬起眉毛，说："我不是这样说的。"

谎言与关爱竟如此纠葛不清

“你说你开始怀疑，我想谈谈你如何……”

她说：“那不重要，基本上我一点都不怀疑。”她听起来很生气。我说：“这样啊！”她说：“你听好，我知道我是谁，也知道我女儿是谁。奥黛莉可以和上帝直接沟通，她把病人的请求交给上帝，上帝让病痛消失，不是奥黛莉让病痛消失。是上帝，但是奥黛莉有办法联系他。”我点点头。

琳达继续说：“跟你说一件事吧！有一次，一位正在接受化疗的癌症病人来看奥黛莉，几天之后，奥黛莉全身起红疹，好像着火一样。为什么会长红疹？我们请一位皮肤科医生来家里给她看病，他是犹太人，不过人很亲切。他说：‘这是化疗引起的反应。’我们打电话给那位病人，她身上的红疹退了。你看，奥黛莉带走她身上痛苦的红疹，这一定是她做的。”

琳达告诉我另一个故事。有位妇女得了卵巢癌，见过奥黛莉后，她去做B超，结果发现卵巢上方有个模糊的影像，看起来像位天使，然后她就不药而愈了。我不相信这些事。琳达走到神龛前，拿起一个有盖的杯子，要我看看里面的东西：一颗血色圆珠浸在油脂里。她说：“我们把这杯油拿去化验，30多名药剂师检验过，成分都与人体油脂无异。”

我轻声问：“琳达，这些圣油，还有奥黛莉和上帝的交情，为什么都救不了你？”琳达静默不语，好长一段时间。我看见她的眼神变得幽远，飘到我无法触及的地方。我不知道她只是呆坐出神，还是在寻觅新的解释，我的思绪犹如纺车的轮轴一样转个不停。琳达抬头望着天花板，许久，她终于开口说：“癌细胞已经扩散到骨头了。”

露比突然说："耶稣显灵了！"她手指我们面前的一尊雕像，我确实看到了。耶稣雕像流出两小滴油，沿着脸庞滑进颈部的皱褶。我瞪大眼睛注视这一幕，此时此地，我也遭遇了认知冲突。一来我不信天主教，二来我认为所谓的"神迹"，其实只是某种手法拙劣的骗局，但是那尊神像确实流出油来，当然那也可能是某人预先放在那里的奶油，慢慢溶化了，现在才流出来。

可是我无法确定。我检视心中的想法，确定自己没有出现认知闭合（cognitive closure）的反应。根据费斯汀格的理论，我会提出解释以减少冲突。但我确实提不出解释。有可能是奶油，但也可能不是。谁知道上帝用什么方式显灵？会出现什么征兆？我们三人站在祈祷堂里，看着耶稣哭泣。

我听见屋里传来一位已成植物人的女孩的呻吟，看护者设法让她安静。我想象 15 年前，琳达看到 3 岁的女儿在泳池深处漂浮时，内心不知有多害怕。我不知道为什么会发生这些事，也不知道是否有圣徒可以见到天堂，更不知道痛苦是否有其神圣目的。我不知道神像为何流泪，为何血珠会出现在高脚杯中。我来此是想看到琳达是否愿意容忍信仰与现实的冲突，我只能继续发问。

琳达又说了一遍："扩散到骨头了，我不知道自己还能活多久。"我接着说："你是她的母亲，照顾她 18 年。她治好数以千计的人，也应该把你治好。"琳达虚弱地笑着说："奥黛莉没有治好我，因为我没想要她这样做，我也不会这样做。她也许是个圣徒，但她也是我的女儿，我的宝贝。我不会让她承担我的痛苦，也不准她这样做。母亲绝不会这样要求子女。母亲只会消除子女的痛苦，怎么可能让子女受苦呢？"

琳达要去纪念斯隆–凯特琳癌症中心（Memorial Sloan Kettering

Cancer Center）复查，所以先离开了。我独自在祈祷堂里又坐了一会儿。不管琳达在电话中表露出什么样的怀疑，显然都只是一时冲动，她几乎不承认有这回事。琳达说："母亲绝不会这样要求子女。母亲只会消除子女的痛苦，怎么可能让子女受苦呢？"这也许是种合理化的借口，女儿治不好她的病，是因为她未曾开口要求，这个故事也能保持圆满。

但应该不只如此，她这样做也是出于衷心的关爱。我听见琳达在屋内轻声哼歌给女儿听，有人咯咯笑着回应，她这样照顾女儿将近 20 年，日复一日，从不间断。费斯汀格是否想过，寻找合理解释不仅是为了自己，也是为了别人？他可曾想过谎言与关爱竟如此纠葛不清？

脑中的"魔鬼代言人"

我读心理学研究生期间，曾在一家大型医院的神经科病房工作，病房里有些人就像奥黛莉一样，蜷缩在床上，昏睡不醒，四肢僵硬冰冷。我对一个小男孩印象特别深刻。有时候我站在他们床边，念着姓名牌上的英文字母，心想这些人是否只剩下躯体，魂魄早已离开了呢？

那时候，有科学家尝试从精神生理层面，探究认知不协调理论。20 世纪颇负盛名的神经科学家拉玛钱德朗（V. S. Ramachandran），就在探寻哪些神经物质会引发拒绝与调适的心理反应。他认为在人类左脑某处，有某种由神经元构成的组织，一旦内在信仰体系受到剧烈冲击，此组织便会释放神经传导物质，提醒我们去平衡认知冲突。他将此组织称为"魔鬼代言人"。不过大脑右半球也有神经突触与细胞构成的神秘组织，处于活跃状态时，会释放信息，压制左脑神经元组织的作用。

拉玛钱德朗

加州大学洛杉矶分校心理学与社会心理学助教李伯曼（Matthew Lieberman）说："并非所有人都会依循单一的思路，设法为一切事物寻找合理化的解释。"李伯曼以东亚民族为研究对象，仿效费斯汀格开展了一个为不同酬劳而说谎的实验，"东亚人不像美国人那么喜欢为自己的行为找理由"。李伯曼认为，东亚文化长期以来深受禅宗思想的影响，较能包容矛盾对立的观点。表面看似不合常理的悖论，但如果你能从其他角度解读，你便能领悟其中深含的寓意。

受到独特文化的潜移默化，东亚人脑部神经元便发展出不同于美国人的反应特性。李伯曼说："这不表示亚洲人感受不到认知冲突，只是他们比较不急于减低冲突。"李伯曼推测，前扣带回可能就是脑中的"异常侦测器"或"魔鬼代言人"，再者脑部的前额叶皮层就是我们进行合理化的所在，而东亚人脑部通往此处的路径比美国人少多了。他说："如果是这样，东亚人和美国人感受到的认知不协调其实不相上下，只不过东亚人不是那么执着，他们并不是非要得到回应不可。"换言之，亚洲人即使面对无法解释的现象，也较能淡然处之。

无法调和，那就敞开心胸

这种天气让我担心。12 月 3 日，温度 17℃，天空一片灰暗，庭院里只有一朵玫瑰绽放，仿佛在传达某种启示。费斯汀格认为，担忧也可以用来降低认知冲突，说来有些讽刺。你害怕找不到好理由，所以编造一个理由，以此解释你的忧虑。但我们怎么知道哪些理由确实合理，哪些只是借口？如果我是东亚人，也许我连想都不想。然而地球日趋暖化似乎不是危言耸听。12 月初，空气中弥漫着一股腐臭味，我看到地上有只甲虫，多节带刺的脚在温暖的空气中挥舞，腹部下方明显可见一摊分泌物。

琳达去过纪念斯隆 – 凯特琳癌症中心后，已经返家休养。一星期前我去拜访她，我满脑子都在想她的事，或者应该说是我的前扣带回一直在思考她的事。我做过若干调查，有些严谨的医学专家表示，奥黛莉的情况确实罕见。那位犹太裔的皮肤科医生说：“我只能说，她的皮肤状况是因化疗所引起的，但她母亲坚称，奥黛莉并未接受任何化疗。”为奥黛莉看病的小儿科医生说：“我不知道。我看过她掌中出现十字，血色的十字，你可以说那是血渍，不过十字出现在表皮之下，所以不可能是割伤形成的。我无法解释。医学通常是把圆的东西放进圆洞里，但奥黛莉的症状就像个方形的东西，就是套不进去。”

琳达告诉我，天主教会会派人来访查，他们表示奥黛莉可能真的是圣徒。露比兴致勃勃地告诉我：“我希望她能被封为圣徒。”语气就像啦啦队队员。天主教会最近一次册封圣徒是在 1983 年。一名 3 岁女孩吞下一整瓶含氰化物的止痛剂，医师全都束手无策，一名妇女为女孩祷告后，女孩病情便奇迹般好转。

我打电话给琳达。她刚动完乳腺癌手术，正在逐渐康复。她的声音听起来虚弱飘忽，她告诉我："医生切开我的胸部，发现全都是癌细胞。"于是我眼前浮现出像鳗鱼也像甲虫一样深黑色的癌细胞，我想象着医生动手切除癌细胞。现在琳达回家了，她拖着蹒跚的步伐，一方面要打理自己的生活，一方面还要照顾她的小圣徒。

冬至前后，我再度驱车前往琳达家。我到达时夕阳就要下山，我的影子拉得很长，映在金光闪闪的地面。50 年前，基奇、阿姆斯特朗医生、在场的信徒，他们在等待沙纳达的到来，等着暴雨降临，但是救世主、暴雨都没有出现，于是这些人为此设想出另一套说辞。

15 年前，奥黛莉掉进自家泳池，溺水成为植物人，家人发现她再也不会康复了，便寻求理由解释这场不幸。现在我离琳达家越来越近，这次我不走前门，也不去祈祷堂。我偷偷走到房子侧面，从窗户望进去。我看到奥黛莉本人。她躺在床上，长发乌黑亮丽，大把大把地披散在缎面的枕头上，一条黑色的薄被掉到地上。她睁开双眼，注视某处。若不是微微张开的嘴流出一点口水，她与一般正值豆蔻年华的少女没有两样。

老实说，我不知道自己为何而来。我来找琳达，原本是想看看她怎么接受与原有信念相抵触的思想，怎么把矛盾融入既有的认知体系中，并创造出新的认知模式。但琳达并没有这样做。她找到自认为合理的解释，并坚持到底，这一切都出于爱。深厚的爱让这对母女多年来相依为命，紧密难分，我是受这份爱的吸引而来的吗？还是因为我在这栋房子里目睹了奇异景象，让我对世界的看法产生巨大质疑，我是因为经历了认知不协调，想找出答案，才又回到这里的吗？

如果知道琳达家的神迹，费斯汀格会怎么说？他应该会提醒我，基督教思想全部源于认知不协调及后续的合理化解释。费斯汀格在《当预言失灵》（*When Prophecy Fails*）一书中谈到，弥赛亚救世主不应该"受苦"，所以信徒看到耶稣竟被钉在十字架上时，会感到极大的痛苦。费斯汀格推论，就在此时，信徒开始改变想法，以减轻心中的怀疑。

基督教信仰成为认知不协调的产物，我觉得很可笑，也有点难过。事实上，原始信念出现急剧转变时，也代表新契机的出现，也许可以衍生出源源不绝的新思想。

我按下琳达家的门铃，走到祈祷堂等她开门。祈祷堂里一片昏暗，墙壁传来油脂、旧布、薰香混杂的浓烈气味。我走到那只高脚杯前，打开杯盖，看着里面血色圆珠在油脂中漂浮，和几个星期前没有两样。如果琳达死了，谁来照顾奥黛莉？我用手碰触一尊小型耶稣雕像的脸，随即发现我的手沾上了油脂，闪闪发光。我卷起长裤，把油涂在腿上一处伤口上，伤口是几天前洗澡时不小心割到的。皮肤随即吸收油脂，伤口逐渐缩小，连疤痕都消失不见了。

我没办法解释这种奇异现象。谁知道这是不是上帝打算在这栋简陋平房中，以这尊廉价的塑胶雕像为媒介显灵，让我知道他的存在。我没办法断定到底是怎么回事。没有合理化的解释或想法，这是个充满无限可能与多种意义的地方。此时此刻，我在一致与矛盾之间摇摆，心中安详宁静，这是费斯汀格忽略的地方。这种感觉就像在和谐与冲突的夹缝中生存，新的论点逐渐成形，新的信仰酝酿产生。

第6章

以爱为名

哈洛与亲子依恋关系

哈洛（Harry Harlow）原名哈利·以色列，1905年出生在艾奥瓦州，父亲是一名不太成功的发明家，而他的母亲，根据哈洛在一本没有完成的自传中回忆，也不是那么和蔼可亲。

在学校，他不合群，所以在10岁之前，他把他所有的业余时间都用来画画。在他的图画世界里，哈洛创造了一个叫作雅族园（Yazoo）的地方。

哈洛在斯坦福大学跟随著名的智商研究专家特曼（Lewis Terman）念完了本科和研究生。在特曼的建议下，他把自己带有浓厚犹太色彩的名字改为了哈利·哈洛。

哈洛的猴子实验，堪称心理学依恋（attachment）理论最具代表性的实证。哈洛的实验过程以影片方式记录下来，呈现的景象虽然令人心寒惊恐，却也凸显了亲密情感对生命的重要。

顺从、服从、认知、暗示，这些主题哈洛都不喜欢。他想探究“爱”。他在一场研讨会中谈到爱，他一讲到“爱”这个字，在场的一位学者就插嘴：“你是指亲近（proximity）吧?”到最后哈洛按捺不住，毫不客气地反击：“你显然不知道，亲近只是爱的一部分。感谢上帝，还好我不像你这么无知。”

这确实是哈洛的说话风格，即使在公开场合，他也不改其直率。他言词尖锐，毫不客气。有人打从心里讨厌他，也有人就是喜欢他这调调。他儿子詹姆斯说：“父亲带我到处旅游。他带我搭双层客舱的飞机去夏威夷，我们拜访知名人类学家贝特森（Gregory Bateson），还和他的长臂猿共进晚餐。我记得他给我买了冰激凌。”不过要找到相反的言论也不难。他以前的某位学生说：“哈洛是个混蛋，他差点毁了我。”另一名学生说：“他讨厌女性，他是头沙文主义猪。”不过这头猪于1959年站在讲台上，以突破性的、前卫的方式谈论科学，在冰冷的统计数据中加入耸动的情节与浓烈的情感，堪称心理学界的李安。

灰暗阴沉、抑郁、拙于言词

哈洛的童年鲜为人知。哈洛曾在传记中提到印象中的母亲。他回想起母亲站在客厅落地窗前，低头注视外头街道的神情。屋外终年寒冷，天空总是灰暗阴沉，大地一片空旷凄凉，厚重的积雪从纠结的枯枝上掉落，她给人的感觉也一样冰冷。

哈洛一生中多次发作抑郁症，这从他的童年可略窥端倪。小镇的冬天漫长难熬，白天特别短暂，下午 4 点一过，天色就暗了，让人不忧郁也难。此外，冷淡疏离的亲子关系也可能是原因之一。缺乏母爱的哈洛必定非常渴望能有填补空虚的慰藉力量。在学校上学时，他也无法融入同学之中。为他的传记执笔的作家布鲁姆（Deborah Blum）说："古怪瘦小的他，和整个环境格格不入。"哈洛喜欢写诗、画画，但学校却开设类似于"农场管理与作物轮种"、"如何以厨艺取悦丈夫"的课程。

四年级时，有位老师让他们练习写诗，哈洛跃跃欲试，打算一展才华，结果老师宣布的题目竟是"刷牙的好处"。还不到 10 岁的他相当热爱绘画，一有空就拼命画画。哈洛低头注视庞大的画板，专注构思画面，描绘出一个奇异却美丽的国度，他称之为雅族园。这里聚集了各式各样的珍禽异兽，只要会飞、会游、会跑、会变形的动物，几乎都包括其中。他好不容易完成了作品，却拿起黑笔，在所画的动物身上随意画下数道黑线，仿佛要将它们一一肢解。一阵杀戮之后，画中的动物仿佛受伤流血，但依稀可见原先的美丽生动。

哈洛从费尔菲尔德郡立高中毕业，进入里德学院（Reed College）就读，一年后转到斯坦福大学，取得学士及硕士学位。斯坦福大学的学生个个能言善道，拙于言词的哈洛在那里更显自卑，更不敢开口。他常说，世界上最让他害怕的地方就是斯坦福大学。

他为此埋头工作，师从以研究智商而闻名的学者特曼，当时他正进行有关资质优异儿童的研究。不擅言词的哈洛，看着聪明伶俐的孩子到实验室来组合色彩鲜明的积木和拼图。特曼告诉哈洛，他这样下去不会有什么成就的，顶多在社区学院担任教职。最后禁不起哈洛的恳求，特曼对他说："把姓改掉，以色列这个姓实在太奇怪了……改了再说吧！"所以他把姓改成了哈洛。

1930年，他在特曼的帮助下，取得了威斯康星大学的教职。那里风景宜人，湛蓝的湖泊点缀在群山围绕的平原之中，可惜一到冬天，这里便寒风刺骨。他带着笨拙的口舌，踏着沉重的步伐，离开了阳光普照的加州帕洛阿图市，来到威斯康星州麦迪逊市。他后来和克拉拉（Clara Mears）结婚，克拉拉曾是特曼实验中的资优儿童，智商高达155。特曼写信道贺："克拉拉天资聪颖，哈洛在心理学界成就斐然，我很高兴看到两人的结合。"

我想特曼是诚心祝福，尽管用词感觉像在讨论动物的配种，而非人类的婚姻。克拉拉拥有优异的天赋，哈洛呢？他到底有什么？这是他终生难以逃避的质疑。不论是在幽暗抑郁的谷底，还是在意气风发、众人瞩目之际，他都会怀疑自己的才华只是昙花一现，如果没有过人的毅力与努力，就无以为继。

爱的初体验

刚到威斯康星大学时，哈洛原本打算以老鼠为研究对象，后来却选择了体型娇小、灵活敏捷的猕猴来做实验。哈洛受特曼的影响，以猴子的智商为研究主题。之前相关研究都认为灵长类动物只会以简单直接的方式处理问题。而哈洛设计的实验让我们知道了猕猴的智商大致介于什么范围，而且也证实了它们是可以处理更复杂精密的问题的。

这项实验让他声名大噪，学生陆续投入哈洛门下，校方也特别为他提供了实验用的场地，那里曾是箱子工厂。因实验需要，哈洛将幼猴与母猴及同伴隔离，而这种做法让他的声誉蒙上了阴影。他不仅研究猿猴的智力，而且也观察到它们的内心，有些现象还让他很纳闷。

被隔离的幼猴的兽笼地上铺了一块毛巾，孤零零的幼猴变得非常喜欢那块毛巾，幼猴躺在上面，细瘦的手掌紧抓毛巾，若有人要强行取走，幼猴会大发脾气。有些小孩如果发现钟爱的破毛毯或填充玩偶不见了，也会出现类似反应。幼猴喜欢毛巾，为什么？这个问题牵涉广泛。

先前心理学界多以获取营养的观点来解释依恋现象。我们喜爱母亲，因为母亲给我们奶喝。婴儿看到母亲丰满的胸部、深色乳晕和突出的乳头，感觉到饥渴，所以会攀附在母亲身上。赫尔（Clark Hull）与斯宾塞（Kenneth Spence）认为，人类一切依恋行为都是为了满足欲望。饥饿、口渴、性欲等，都是人类想要满足的主要欲望。1930—1950年，心理学界盛行用满足欲望来解释有关爱的现象。

然而哈洛开始质疑这种说法。他拿塑料奶瓶喂幼猴吃奶，然后把奶瓶拿走，幼猴顶多舔舔嘴唇，用爪子抹去嘴边残留的奶水，但一旦他要把毛巾拿走，小猴子就会尖叫嘶吼，好像遭受酷刑。幼猴用瘦小的身体压住毛巾，双手抓紧毛巾不放，尖叫个不停。

哈洛见状大感惊讶。哈洛看着幼猴尖叫，想到了爱。哈洛想起，小时候看着母亲站在窗前，两人相隔咫尺，但母亲冷淡的神情让人畏惧。他只能在脑子里空想她怀抱里的温暖。什么是爱？其传记作者布鲁姆这样写道：“心碎了，就知道心是什么！”哈洛于是着手进行这项既残忍又美丽的研究。

有奶不一定是娘

猕猴和人类基因相似程度高达 94%，换言之，人类等于 94% 的猕猴加上 6% 的人。至于其他灵长类的动物，相似程度更高。人类和猩猩的基因相似程度为 98%，与黑猩猩的相似程度为 99%。因此，历来科学家都偏好以灵长类动物进行实验。研究灵长类的学者福茨（Roger Fouts）说："猿猴具有完整的语言体系及综合多样的智力。然而我们受成见所限，往往不去研究。"福茨也许很了解猿猴的灵性，但哈洛则不然。他说："我只关心这些猴子有哪些特殊之处可以作为我公开发表的研究成果。我一点都不喜欢猴子，从来都不喜欢。我不喜欢动物，我讨厌猫狗，更不可能喜欢猴子。"

这个实验需要铁丝剪、厚纸圆筒、通电的线圈、钢钉、软布。哈洛先用铁丝差不多缠绕出猴子的轮廓——四四方方的躯干，腹部上方有个形似乳房的物体，尖端嵌着钢制的乳头，上头穿了小洞，可以让奶水流出（如图 6-1）。

接着哈洛把厚纸圆筒套上绒毛布巾，做出另一个触感柔软的假猴子。他依据人体工学原理，制作代理母猴……乳房的数目减少为一个，位置移到胸口中央，这可以增进幼猴的肢体动作与感受能力。他所完成的代理母猴，触感柔软温暖，永远不会不耐烦，24 小时有求必应……

图 6-1 小猴子与两个代理母猴

实验随即开始。哈洛把一群刚出生的猕猴放进笼里，里头有两只代理母猴，一只由铁丝缠绕而成，食物取之不尽；另一只是布做的母猴，乳房里吸不到奶，但笑容可掬。研究助理详细记载了这项实验所造成的创伤。母猴发现幼猴不见了，一边尖叫，一边以头撞击笼子，幼猴各自被丢进封闭的笼子里，看不见其他同伴，不停发出啾啾叫声。

它们害怕极了，一连几个小时都静不下来，实验室里只听见小猴子们此起彼伏的叫声。焦躁恐惧的幼猴蜷缩成一团，尾巴高高抬起，露出屁股，稀软的粪便不断从肛门流出，喷得笼子里到处都是。臭味弥漫，久久不散。哈洛在实验记录中写道，幼猴的这些反应显示其情绪极度不稳定。

后来情况出现重大改变。几天后，幼猴知道母亲不会出现，便把感情转移到布制假母猴。它们爬到布制母猴身上，趴在它胸前，用细瘦的手抚摸它的脸，轻咬它的身体，或在它腹部背部磨蹭好几个小时。不过布猴无法供应奶水，幼猴如果肚子饿了，会跳下布猴，冲向铁丝缠成的哺乳机器，吸取源源不绝的乳汁，吃饱后又回到布猴柔软的怀抱，享受安全感。

哈洛统计幼猴在吸奶和拥抱上所花的时间，并将结果绘成图表。哈洛想必怀着激动的心情，等候结果揭晓，因为这个结果具有前所未有的重大影响。“肢体接触是影响感情或爱的重要因素，这点并不让人意外。我们没想到的是肢体接触可以完全凌驾于吸奶的生理需求之上。两者悬殊之大，让我们几乎可以断定，幼猴吸奶只是为了维持与母猴之间频繁的亲密接触。”

哈洛由此确认，**爱源于接触，而非食物**。母亲总有一天不再分泌乳汁，孩子依然爱着母亲，因为他们感受到爱，保有被爱的记忆，只是形态改变了。每一次亲子互动，都源自于幼时感受到的温柔抚触。哈洛写道：“只有奶水，人类绝对活不久。”

该亲吻还是握手

1930—1950年，流行冷酷无情的育儿主张。著名小儿科医生斯波克（Benjamin Spock）建议母亲定时喂奶。斯金纳以强化的观点解释幼儿行为，如果我们想让孩子不哭，就不应该去抱他们，这样才不会强化这种行为。心理学家华生宣扬这样的教养方式："不要溺爱子女。睡前不用亲吻道晚安，如果非要道晚安，宁可向他们鞠躬，握手致意，再熄灯就寝。"

哈洛打算把这些荒诞言论丢进垃圾桶，告诉世人真相是什么。你不该和婴儿握手，而是应该毫不迟疑地抱起他。肢体接触很重要，这么做不会宠坏小孩，而能让他们安心。老一辈的人都知道该这样做。"幼猴对生母的爱与其对代母的爱，并无显著差异……根据我们的观察，幼猴对生母的感情极为强烈，对实验用的布制代母，感情也一样深厚。"

当时哈洛实验室里弥漫着兴奋的气氛，他们找出了一项影响爱的重要变量，而喂食的重要性则大幅减弱，他将这些结果皆以图表展示出来。麦迪逊市正值隆冬，外头只见荒凉的冰天雪地。学生们看着雪花飘落在实验室的窗台上，心中欣喜若狂。

哈洛与研究同伴已经确认，"接触安适"（contact comfort）是爱的重要成分。不过爱应当还包括其他要素，比如动作与面部特征。刚出生时，母亲的脸是一连串晃动模糊的影像，倒三角形的是轮廓，纠结一团的是头发，突出的小点可能是鼻尖或乳头。睁开眼睛，抬头一看，这位女性仿佛沐浴在月光中，柔和的光芒洒在我们身上。

哈洛假设这可能是另一个变量。一开始，哈洛用两个自行车车灯充当假母猴的眼睛。后来，他打算再做一次实验，让幼猴与面部较为精细的假母猴共处,观察会产生什么样的依恋关系。他要求实验助理曼森(William Mason)制作一副几乎可以以假乱真的猴子面具。然而面具还未完成,被试幼猴已经出生,所以哈洛连忙将它与未完成的绒布母猴一起放进笼子里。

绒布母猴没有五官,但这不影响幼猴对它的喜爱,它依然做出亲吻、抚触等亲昵的举动。后来哈洛为无脸母猴戴上了精美、逼真的面具,但幼猴似乎无法接受。研究员为无脸母猴戴上面具后,幼猴见状相当害怕,不停尖叫,跑到笼子一角,身体剧烈抖动,紧抓裸露在外的生殖器。

研究员把戴上面具的假母猴慢慢移往幼猴身边,幼猴伸手转动假母猴的头部,转到没有五官的那一面,幼猴才肯向前,开始玩耍。研究员一把面具转过来,幼猴就把面具拨回去,最后它甚至把面具扯掉,恢复原先无脸的模样。幼猴显然比较喜欢最初看到的模样,或许是印刻效应已经在幼猴脑海里留下了不可磨灭的印象。

许多人批评哈洛的做法残忍,为实验所需而断然将母猴与幼猴分离,用铁丝缠成冰冷尖锐的哺乳器,听着幼猴难过地哭喊,看着它们别无选择地攀附在模型上寻求慰藉。不过哈洛也让世人知道:**人生在世,所求绝对不仅是温饱而已。**我们不计代价,寻求亲密接触,我们不在乎外表美丑,不论相隔多远,一眼就能分辨哪张脸是我们最爱的人。

向冰冷无情的母亲寻求温暖

在20世纪50年代后期到60年代,哈洛着手进行爱的研究。在此之前,他刚刚遭遇婚姻问题。哈洛几乎都待在实验室里,很少回家。聪颖慧黠的克拉拉,总是独自在家照顾两个孩子,日复一日。哈洛流连于实验室,设计了一个又一个的猴子实验。某个严寒的冬天,哈洛发生了婚外情。两人的长子罗勃说："那是我父母分手的主因。很简单，我爸爸有外遇了。"

克拉拉留下两个孩子，并嫁给了一名建筑工人，以拖车为家，游走于美国西南部。这对哈洛似乎没有任何影响。他的心另有所属，没有人确知是谁，一开始也许是学生，后来则是他称为"铁娘子"的女性。这个"铁娘子"是哈洛设计的代理母猴。它会突然射出钉子，或喷出冰冷的强烈气流，幼猴无力抵挡，撞在笼子栏杆上，它们趴在上面无助哀号。哈洛宣称这是要测试恶毒的母亲对幼猴有何影响。

哈洛自此招来恶名。他从科学走向童话。"铁娘子"宛如格林童话中恶毒的继母。哈洛为什么想研究这些？动物保护人士说，因为哈洛是个不折不扣的虐待狂。我不清楚是什么力量驱使他，但我并不认可动物保护人士的说法。难道哈洛的母亲也是这样凶狠残暴？这样说也许太轻率了。他的本性有异常倾向吗？有可能，但这样说也失之武断。哈洛在军中服役时，曾被派往新墨西哥州，去监督士兵试爆原子弹。他看到了爆炸后的蘑菇云、掉落远处的灰烬、巨大骇人的强光，但他对这些都只字未提。

不过谈起"铁娘子"，哈洛倒是兴致勃勃，记载详尽。他设计了多种不同的铁娘子，有些会喷出冰冷的水柱，有些会刺伤幼猴。哈洛发现，不管受到怎样残酷对待，幼猴都不肯放弃，依然毫不迟疑，投身假母猴的怀抱。天啊，爱竟如此顽强！即使遍体鳞伤，幼猴还是拖着踉跄的步伐回头，即使身躯已经冻僵，它们依旧向冰冷无情的母亲寻求温暖。

强化作用无法解释这种行为，我们只看到一幕幕惨不忍睹的景象，揭示了一个让人心酸的事实：**一旦我们将自己托付给对方，对方就能置我们于死地**。然而仍有若干让人宽慰之处。我们眼见人类的信仰是如此坚定，可以不顾一切阻碍，筑起沟通的桥梁，让彼此更靠近。

镁光灯下的“铁娘子”

哈洛和米尔格拉姆一样，都有戏剧天赋。哈洛将这股异常热烈的情感，投注在实验中。通过实验录像，我们看到幼猴紧抓着铁丝缠成的代母，或被“铁娘子”刺得不停哀号。这些震撼人心的影像清楚地呈现出绝望究竟是怎么一回事。哈洛从不怕公开播放这些影片，他知道科学若要普及，必须带有些许艺术成分，甚至得有几分娱乐性质。

哈洛与猴子

1958年他获选为美国心理协会主席，这可是相当难得的荣誉。雀跃不已的他，带着猴子实验的影片前往华盛顿特区，准备发表演讲。当时他已再婚，妻子是同为心理学家的屈恩（Margaret Kuenne），他亲昵地称她佩琪。他站上圆形会议室的高台，面对众多学者，神情严肃。他开口说：“爱是一种不可思议的状态，深沉微妙，值得投入。爱具有亲密与私密的特质，因此许多人认为，爱不适合作为科学实验的主题。姑且不论个人观点，我身为心理学家，本着自己的职责，理当深入分析人类与动物行为的所有方面，找出影响因素。然而当今的心理学者，至少是编写教科书的心理学者，丝毫不关心爱与情感的起源，也不知道这些感受的存在。”

哈洛显然深知自我推销之道，因此才会在这样盛大的场合发表这篇铿锵有力的演说。他在演说中穿插播放了几段宛如科幻小说般的黑白影片，让听众目睹了幼猴对代理母猴的强烈依恋。他将这篇演讲题目定为《爱的本质》(*The Nature of Love*)，后来发表在《美国心理学家》(*American Psychologist*)上。

> 如果这些实验结果能有所贡献，我就心满意足了。我曾仔细想过这些结果可以适用于哪些层面。由于社会经济发展的需求，美国妇女极有可能取代男性在科学与产业领域的地位。这一趋势若持续发展，那么我们的孩子能否得到适当教养将成为一个现实的问题。
>
> 从实验可知，不论男性女性，都能胜任养育婴孩这项重要工作。反观现在的社会经济发展趋势，这项发现着实振奋人心。女性已不需要待在家中专职哺育照顾子女。我们可以预见，在不久的将来，哺育新生儿的工作不再非得由母亲承担。届时亲自哺育幼儿可能成为某种炫耀摆阔的行为，只有上层阶级才时兴这么做。但无论历史如何发展，我们都可以确定，人不能没有爱。

我可以想见，当时全场陷入死寂，随即爆发出雷鸣般的掌声，镁光灯闪个不停。哈洛举起双手，宣告演讲结束。再多讲一些吧！

哈洛发表的研究结果证实，布制母猴比只能喂食的母猴更重要，小猴逐渐“爱上”布制代母的柔软身躯，喜欢在它身边游戏玩耍，几乎和亲生母亲在一起时没有差别。演讲后不久，麦迪逊威斯康星大学发表声明，宣称“养育子女是母亲的天职的说法，已经过时”。媒体也竞相报道。

哈洛又有何反应？看来他的事业已经从专业学术领域，转移到文化的层面。

他接受《实话实说》(*To Tell the Truth*) 节目专访，CBS 电视台以其实验为主题，制播了一部纪录片，由知名新闻主播科林伍德（Charles Collingwood）担任旁白。然而其中传达的信息对妇女而言不啻是沉重的打击：小孩不需要母亲的照料。既然如此，母亲们完全可以去寻求自由。这些复杂纠结的信息，不仅在嘲讽女性主义，同时也反映出爱与渴望，确实撼动人心。

哈洛和第二任妻子佩琪育有两名子女。佩琪拥有心理学学位。她和克拉拉一样，离开职场，专心养育孩子。哈洛晚年时曾说："我的两任妻子都很聪明，没有成为妇女解放者，她们都知道，丈夫、家庭是最重要的。"

两人的子女，现在已届中年。女儿潘蜜拉住在俄勒冈州，从事金属雕刻工作，这是相当特别且耗费体力的工作。儿子强纳森则是木工艺品制作者，制作小型松木礼盒，卖给礼品店。他说："就是一般的盒子……"

自闭、自残，残缺的爱

问题开始浮现，情势急转直下。布制代母跟亲生母亲毕竟还是不同。哈洛在心理学界同僚面前大胆宣称，肢体接触关系到灵长类动物的心理发展。几年后，他却发现，与布制代母共同生活的幼猴，成长并不顺利。哈洛将这些猴子移出隔离的笼子，与其他猴子共处。这些猴子出现极度反群体的行为。母猴不仅会攻击公猴，而且不知道正确的性交姿势。有些猴子甚至出现类似自闭的症状，如不停摇晃、啃咬等自残行为。毛茸茸的手臂到处是溃烂的伤口，血流不停，乍看之下，好像鲜红果肉。伤口很快发炎。有只猴子甚至咬掉整只手臂。哈洛此时才发现，情况超乎预料得糟糕。

哈洛的传记作者布鲁姆说："他很失望，这是一定的。他自认为已经找出影响养育后代的重要因素：肢体接触。这个变量并非不可变换，换言之，只要能提供肢体接触，任何人和事物都可以胜任照顾后代的工作。但隔年随即发现这些猴子的情况一团糟。"《纽约时报》的一位记者前来麦迪逊市，对这些触感柔软的代理母猴进行追踪报道。哈洛带他进到实验室，只见一群猕猴坐在笼子里，身体不停摇晃，不时以头撞击栏杆，拼命啃咬手指。哈洛说："我承认我错了。"

罗森布拉姆（Len Rosenblum）当时是哈洛的学生，现在已是学有专精的知名猿猴专家。他说："我们终于知道，什么是影响后代养育的变量，它不只是接触，不只是面貌。我们推测可能与动作有关。所以我们做了一只会动的代理母猴，这样，幼猴的表现几乎与一般猴子无异，虽然还是有些许差异。我们后来让幼猴和会动的代理母猴一起生活，此外幼猴每天可以和一只真的猴子游戏半个小时。这样一来，幼猴完全正常。**这表明有三个变量与爱有关，接触、动作、游玩。**如果能提供上述三项事物，那么就能满足灵长类动物的心理需求。"

罗森布拉姆再度强调，"这些小猴子"每天只需要和真的猴子玩半个小时。他说："真的很神奇，没想到我们的神经系统只需要这么一点点改变，就能恢复正常了。"

听他这样说，我心里稍微感到一些安慰。因为这表示要毁掉一个孩子没那么简单。轻微的晃动，柔软的触觉，和真人互动30分钟，任何母亲都做得到。不管勤劳或懒惰，不管是职业妇女、家庭主妇，或是人工母亲，都做得到。

如果哈洛的这项发现是可信的，那么说明他已完全掌握了爱的内涵，但为什么我们需要如此大费周章，才能领悟这些道理？为什么在深入探究感情之后，我们会对呈现的结果不寒而栗？不只你我，哈洛自己也开始动摇。他再度发生婚外情，他就是无法忠于一个女人。

当哈洛发现与触感柔软的假母猴为伴的幼猴竟有自闭倾向时，他开始酗酒。威斯康星州的白昼很短，日照微弱，才刚傍晚，已是一片昏暗，只有杂色玻璃反射出昏黄的光线。哈洛感受到极为沉重的压力。他最早的发现赢得了肯定的喝彩，他必须维持下去。1958—1962年，他拼命努力，发表多篇报告，勇敢地宣布由代母养育的幼猴出现了严重的情绪问题。他更加投入，找来更多猕猴进行研究，设法找出其他变量，避免情绪问题的发生。最后他终于发现，关键在于动作，以及与同类的真实互动。

哈洛的助理勒罗伊（Helen LeRoy）说："他总想高人一等，总是不断寻找另一个高峰来征服。"他将这种个性发挥得淋漓尽致，尽管喝得酩酊大醉，但仍挥洒如椽大笔，以超出常人的旺盛精力征服一座又一座的人生高峰。知名专家兰德斯（Anne Landers）也引用他的实验，给初为人母的读者提建议。他接下来将实验什么？

温馨的结论，残酷的现实

他的妻子得了乳腺癌，绵密的乳腺被癌细胞入侵，她的乳头分泌出恶臭液体，她还有几年可活。哈洛越发投入地工作，不知道他的心要在哪里安歇。失去母爱的猴子神智失常，不停发抖。他先前发表的研究结果影响惊人，深受幼儿保育界所重视，最显著的事例莫过于婴儿背袋的发明，这种设计能让婴儿感到温暖。

知名小儿科医生西尔斯（William Sears）因提倡亲子依恋关系而闻名，他主张父母应和小孩同床，随时保持亲密。这些主张显然深受哈洛的影响。孤儿院、社会福利机构、妇婴用品产业，也都受其实验结果的启发，进而出现了重大变革。哈洛的研究使孤儿院的人员知道，只给这些弃婴喝奶是不够的，他们还要有人拥抱摇晃、有人注视，对他们笑。感谢哈洛等人对依恋关系的研究，它让我们都更人性化。然而这么感性温馨的结论，却是以相当残酷的手段取得的，其中的矛盾，不言而喻。

身患癌症绝对不是好事，而在20世纪60年代，就更是雪上加霜。放射治疗以高剂量的辐射光束，照射身体特定部位，黑色X记号宛如箭靶的靶心，触目惊心。化学疗法才刚起步，医生将所需的剂量，装入抗腐蚀的巨大注射器中，注入血管，病人只觉得恶心，浑身燥热。哈洛和妻子一星期要去医院好几次。医生按压注射器，清空里头残余的空气，喷出的药剂在空中画出一道优雅的圆弧，随即像眼泪一样掉在瓷砖地板上，接着把针头扎进病人的血管。哈洛手捧脸盆，凑近佩琪身边。化疗药物让她极度不适，突然一阵反胃，她会把所有东西都吐出来。

哈洛的儿子强纳森说：“那段日子真的很难熬！”佩琪被诊断出癌症时，他才11岁，6年后，佩琪去世。当时佩琪病情日益严重。我想她当时一定面色蜡黄，瘦削的脸庞衬着尖细的牙齿，真与猴子有几分神似。哈洛原有酗酒的倾向，那段时间更加变本加厉。在哈洛学生的记忆中，他常常在深夜走进当地酒馆，将哈洛从高脚凳上架起，开车送老师回家。同事也提到有好几次开会时，他醉到不省人事，他们还得扶他上床，他倒头就呼呼大睡。

哈洛的强暴架强暴了谁

光阴荏苒，当年和代理母猴在一起生活的猕猴逐渐长大。这些猕猴不会嬉戏，也不会交配。长大后的母猴已有生殖能力，青春期来临，卵子已经成熟。哈洛脑中浮现出新的疑问与想法，他想让这些母猴生育后代，不知道这些幼时失去母亲的猴子，会成为怎样的母亲？要知道答案，一定得让这些母猴怀孕。不过这些可恶的猴子就是不肯翘起尾巴，以展露它们多毛的臀部。哈洛将交配经验丰富的公猴放进笼子里，母猴死命抵抗，抓伤公猴的脸。最后哈洛发明了“强暴架”（rape rack），以此固定母猴的身体，并将它们的头往下压，公猴便能骑到母猴身上。这工具果然管用，20 只母猴受孕产下幼猴。

哈洛于 1966 年发表了一篇名为《幼时与母亲及同伴隔离的猕猴的哺育行为》（*Maternal Behavior of Rhesus Monkeys Deprived of Mothering and Peer Associations in Infancy*）的论文，叙述实验结果。这些在强暴架上受孕的母猴，有些杀死幼猴，有些对幼猴漠不关心，有些表现“还算正常”。这项实验结果也极具震撼力，可是我不禁怀疑，这项实验真能带来实质的启示吗？还是残害了更多的猴子，却只印证了我们凭直觉即可知的事实？

福茨认为，哈洛这一连串剥夺母爱的实验，结论不仅不证自明，而且是拾人牙慧。他说：“哈洛从未提过达文波特（Davenport）与罗杰斯（Rogers）也做过类似的研究。两人曾将黑猩猩关入笼里做实验，目睹结果后，两人决定再也不做这种实验了。”

猿猴研究专家罗森布拉姆说：“哈洛的表达方式让人难以认同。他会刻意煽动群众。”罗森布拉姆接着谈起了一件既有趣也让人尴尬的事情。有一次哈洛上台领奖，在场的都是心理学家。其中还有 3 名修女，她们身穿白色修女服，戴着羽翼般下垂的头纱，胸前挂着沉重的十字架。哈洛站在讲台上，对观众展示两只猴子交配的照片，罗森布拉姆边笑边说："修女们的表情相当难堪，低头不语，整张脸几乎都让头纱遮住了。"

罗森布拉姆说："哈洛就是这样，他总想引人哗然，他喜欢说'完蛋'，而不说'结束'。他为什么不把强暴架称为行动控制机？如果他这样做，现在就不会毁誉参半了！"

哈洛显然偏好戏剧化的气氛，不过我认为罗森布拉姆举错了例子。毕竟引人争议的焦点不是这部机器的名称，而是我们对动物做了什么事。哈洛的实验就某些层面而言，促成了动物保护运动的兴起。每年"解放动物阵线"（Animal Liberation Front）都会在麦迪逊威斯康星大学的猿猴研究中心前举行静坐抗议。参与抗议的民众坐在广场上，面前摆着数千只玩具猴，以此哀悼为动物实验而牺牲的猴子。他们的抗议隐含着一个严肃的事实，值得我们深入反思：心理学家凭什么拿动物来做实验？哈洛让这个存在已久的问题浮上台面。

向为实验而牺牲的动物致敬

福茨既是动物心理学家，也积极致力于保护动物，很少有人同时兼具这两种身份。他住在俄勒冈州山间的一个小镇，那里降雨丰富，树木长年翠绿，空气中充满了树叶的香气。福茨大半生都在那里从事着有关黑猩猩的研究，并和所研究的黑猩猩瓦苏成为好友。瓦苏每天早上都要喝咖啡。几年研究下来，福茨逐渐爱上了黑猩猩，他不愿意为了科学研究而伤害它们。福茨研究猩猩如何学会语言，这方面的研究不至于让猩猩遭受生理心理的伤害。福茨说："研究者做研究时如果会牺牲动物，那么他的道德应该受到质疑。”目前在加州大学戴维斯分校研究黑猩猩的曼森（20 世纪 60 年代曾师承哈洛）认为，结果未必能使手段合理化。他知道伤害动物不对，但身为研究动物的科学家，势必要用动物来进行实验。换言之，曼森认为，这样做虽然与道德良知相悖，但他知道自己为何这样做。

保护动物人士对于这种模棱两可的说法不以为然，他们对他进行严厉批判，指责哈洛是残虐冷酷的法西斯分子。撇开这些夸张的情绪性字眼，深入问题核心，保护动物人士认为，用动物进行实验得出的结果，很少能提供真正有效的信息，他们不假思索地便可举出已禁用的安眠药萨利多胺（Thalidomide）的惨痛教训。

20 世纪 50 年代，动物实验的结果显示，萨利多胺不会造成畸形，但人类服用后却导致胎儿畸形。类似的例证不胜枚举。研究人员为研究艾滋病，而给黑猩猩注射艾滋病病毒，结果却不见其出现任何症状。阿斯匹林导致老鼠生下畸形的后代，对猫的伤害尤其严重。

至于猿猴，也许与人类极为相似，但毕竟不是人类的翻版。猕猴的脑容量是人类的 1/10，发展速度相当快。刚出生的猕猴脑容量已有成猴的 2/3，而婴儿的脑容量只有成人的 1/4。从某种动物所得结果，能否适用于其他动物？如果可以适用，那么可以适用到什么程度？答案就要看你是问谁。每个人都可以把猴子当作某种范例，但要套用范例来描述所指称的对象，再完美的范例都只是近似值。近似值是个相当模糊的字眼，比重高低就要看由谁来诠释。

福茨与帕切科（Alex Pacheco）等保护动物人士可能会说，即使猿猴和人类的相似程度极低，我们也没有权力以各种残酷手段对待实验动物。但加州大学知名的记忆研究专家佐拉摩根（Stuart Zola-Morgan）就认为猿猴的脑部具有相当高的研究价值，可以说明人脑的运作模式。佐拉摩根以手术刀划开猿猴脑盖，深入猴脑内部，试图找出掌管记忆的区域。

佐拉摩根犹如外科手术般的实验，加深了我们对记忆的理解，这点毋庸置疑。人类心智变化难测，记忆因此更为重要。为了更了解记忆，佐拉摩根必须将研究用的猴子麻醉，在颈部缠绕线圈，阻断血液的供应，等脑细胞逐渐死去，再将猴子唤醒，研究它们的记忆是否受影响。他反复研究它们脑部受伤、萎缩，甚至死亡的区域，只见脑叶布满灰白伤痕。

佐拉摩根在接受布鲁姆采访时说："我认为人比动物更有价值。我们当然有责任照顾动物。然而如果问我，儿子和猴子哪一个比较重要，我不用想就可以回答。"但我得想一想才能回答这个问题，我无法那么笃定。我不认为人类天生比较高级。猴子颈部缠绕线圈的残酷景象让我于心不忍。想到哈洛的"铁娘子"、"强暴架"，不管这些实验带给人类多少知识，这种做法都让我惶恐不安。也许哈洛和我有同感。尽管他表明自己并不在乎他的实验猴子，也不喜欢动物，但有些学生表示，实验的残酷本质确实让他深感困扰。这么多年过去，哈洛的酒越喝越多，想必有事一直困扰着他，也许还不止一件。

实验者的实验

1971 年，哈洛的妻子佩琪去世，同年他获得美国国家科学奖章（National Medal of Science Award）。他的眼神呆滞抑郁，嘴唇毫无血色，微微咧开，算是勉强微笑。他在颁奖前一晚对助理勒罗伊说："我现在什么动力都没有。"

没有太太打理，哈洛的生活一塌糊涂。他感觉自己已经达到事业的巅峰，站在最高处，举目四顾，除了往下走，没有其他地方可去。强纳森说："我得做饭给他吃，妈妈去世后，他完全不知道该怎么办。"他拖着沉重的步伐到实验室，里头堆满层层架高的笼子，不起眼的栏杆阻绝了外头的蓝天白云。

他累了。强暴架，他不想碰。幼猴的凄厉哀号，他不想听。铁丝缠成的代理母猴、绒布制成的代理母猴，看起来都如此恐怖。哈洛累了，真的累了。他刚办完妻子的葬礼，在学校和学生谈话时，难以抗拒的疲惫袭来，他只想睡觉，也就这样睡了。和学生谈话谈到一半，他趴在桌上，小睡了片刻。睡着实在太容易，他只要闭上眼，学生的话就像催眠曲。

疲倦的哈洛

突然间所有人都发现哈洛不舒服，他不对劲，急需休养调理。那年3月，哈洛前往明尼苏达州梅奥诊所（Mayo Clinic），接受一系列的电击治疗。现在他被绑在诊疗台上，剃掉头发，涂上凝胶，有些涂在太阳穴上，不小心流进眼里，他却只能任人摆布。

现在的电击治疗顺畅舒适，但当时的疗程却是断断续续的折磨。一阵一阵的电流流过电线，吱吱作响，刺激着迟钝萎靡的神经元。哈洛全身麻醉，听任摆布。这些步骤堪称有实验性，但有没有用完全没人知道。哈洛的身体猛然抽动几百次，嘴里塞满棉花的他醒来时完全不记得发生了什么事，只看到太太和母亲并肩走在中西部的小镇，有翅膀的猛兽在天空飞翔。

哈洛治疗后回到麦迪逊，身边的人都说他变了。医院宣称他已经“康复”，不过他的说话速度变慢了，不再语出惊人，与人互动也变得比较圆滑谦虚。妻子死后，他若有所失。他打电话给前妻克拉拉，当时她还是以拖车为家，儿子在附近河里溺死，她的第二任丈夫也去世了。同病相怜的两人，再度携手，走向婚姻礼堂。不知道特曼会怎么说？他实验中的资质优异儿童以及优秀门生，都有着极高的智商。这次，他们的婚姻相当低调。

故事差不多讲完了。哈洛与克拉拉再度携手，一切从头开始，唯一的差别是，哈洛的兴趣有了小小的改变，他不想研究缺乏母爱的主题了。20世纪60年代生物精神病学兴起，精神病学家希望能找出治疗精神疾病的药物。哈洛将兴趣转移至此，也许是希望自己的抑郁症若再度发作时可以有口服药治疗，而不需接受电击。也可能他已经服药控制病情，但还是无法达到百分之百的疗效。无论如何，哈洛都想知道抑郁症的病因以及治疗方法。所以这一次，哈洛又找上猕猴来做实验。

哈洛制作了一个与外界隔绝的黑色隔间，他把猴子倒吊在里头长达两年，无法移动也看不见外界，只能从隔间底部一个V字形容器中得到饮食。哈洛称之为“绝望之井”。这个玩意果然有效。这些猴子在数个月或数年之后重获自由的时候，精神都已崩溃，出现各种精神疾病症状。无论哈洛想什么办法，都无法使其恢复，显然无药可医。

哈洛患上了帕金森症，他不停颤抖，无法克制，直到去世。

本是同根生，相煎何太急

不管到哪里，我们都看得到动物。松鼠在电线上跳来跳去；又大又恶心的蛞蝓，缓慢爬出花园，懒洋洋地躺在水泥石阶上，我伸手一碰，手指马上沾满黏腻的液体；猫咪叫个不停。

我想养只猴子，我先生不赞成。在实验室工作的他说，猴子身上有股难闻的气味。我放下手里的哈洛论文选集《学习去爱》（*From Learning to Love*），说："你不知道我有多喜欢猴子。"这句话说得慷慨热烈，连我自己都吓了一跳。

他问："你什么时候变成保护动物人士?"我说："当你看过哈洛怎么对待动物，再看看我们怎么对待猴子之后，你就知道了！它们是人类的远亲，我们却让它们感染艾滋病病毒、长出脑瘤。我坚决反对这些事情，这样做不对，哈洛错了，他也不应该进行猿猴实验。"

他说："你意思是说，假设我们的女儿生病了，为了找到治疗方法，得牺牲猴子的生命，你会选择保住猴子的性命，而不救我们的女儿?"我就知道会谈到这个。哈洛、佐拉摩根早就说过：人类本来就比较重要，从猿猴实验得到的信息对人类有极大的帮助。

我慢慢地说："我当然会选择救女儿。"尽管99%的我根据本能反应，或者说是动物本能、母爱天性，而选择救女儿，但剩下的1%的我却知道，伤害个体就等于伤害全体。为何会这样，我无法解释。这 1% 的自我也许就是理智所在，理智告诉我，没有什么正当理由让我们可以去伤害有知觉的生命，更何况还有其他方式可以得到同样的结果。

我不禁想到，人类和黑猩猩有 1% 的不同，和猩猩有 2%，和猕猴也只有 6% 的差异，我想知道这些差异究竟存在何处？是人类的灵魂吗？尽管只有 1% 的自我，势单力薄，但这是人之所以为人的根源。

哈洛当年在威斯康星州设立的猿猴实验室，如今仍在运营，里头养了 2 000 多只猴子。我则前往另一所位于马萨诸塞州的实验室。我不详述其中的情景了，毕竟我们已经看够了。实验的目的只为找出治疗药方，治愈与死亡一线之隔。

实验室里兽笼相互堆叠，里头各有两只猴子，清洁剂混杂狗食的气味依稀可闻。我屈膝蹲在一个笼子前，手放在栏杆之间。一只猴子过来拼命舔我的手。我想起先前看过的资料，有天晚上哈洛在实验室工作，不小心把自己锁在笼子里。他困坐笼中好几个小时，无法脱身。直到深夜，他听见远处有人狂欢作乐，于是大喊："救命！救我出去！"终于有人听到他的呼救，而在获救之前，哈洛已经饱尝了寒冷与恐惧的滋味。

我问解说员："我可以抱猴子吗？"他答应了。我不敢相信自己这么幸运。我伸手抱起那团毛茸茸的棕色肉球，它才出生没多久。它细小的手臂环绕我的脖子，闻起来有股奇特的霉味。它的心跳很快，是害怕什么吧！怕我？怕被囚禁？害怕自由？我对它说："不怕！不怕！"它皱巴巴的小脸，让它看起来像个老头，眼神充满了浓得化不开的悲伤。它在我怀中颤抖，我对它说，"乖乖睡"，并尽可能把它抱得更紧。

第7章

吸毒不要紧

亚历山大的颠覆性成瘾实验

亚历山大

1960—1970 年，科学家开始研究成瘾行为。他们试图依据动物实验结果来界定渴望、忍耐、戒断症状等。其中有些实验相当匪夷所思。单是可卡因，就有 500 多项实验仍在进行。老鼠的神经系统与人类极为相似，因此老鼠便成为研究成瘾行为的最佳对象。

几乎所有的实验都基于特定物质无法抗拒的假设，实验结果也都印证了动物会自发性地摄取神经毒素，剂量之多甚至可以致命。然而 1981 年，亚历山大（Bruce Alexander）、柯姆斯（Robert Coambs）和哈达韦（Patricia Hadaway）三人决定挑战这些传统动物实验所秉持的主要假设。

他们认为，将猴子绑在椅子上倒立好几天，给它一个控制器，一按按钮就有药物帮它舒缓痛苦的实验方式，无法证明药物使人上瘾，只能反映个体受外力的束缚，其中包括社会、生理、心理等各方面的限制。他们打算让动物置身舒适的环境，再测试其是否依然对药物上瘾。如果确实如此，那么我们就必须严格管制药物，然而如果动物未成瘾，那么这些研究者就认为，问题的根源也许不在生理，而在于文化。

柯姆斯

我认识一个有毒瘾的人。她是63岁的艾玛，在新英格兰区一所小型理工学院担任院长。不管在工作中或私底下，她总是衣着时髦，光鲜亮丽。几个月前，她背痛得很厉害，原本像积木一样堆叠整齐的脊椎开始逐渐松脱移位。

为了解决这个问题，她决定接受手术。她醒来之后，背上多了一道缝合的痕迹，医生给她一瓶棕色液体——强力止痛药奥施康定（OxyContin）。此药号称“穷人的海洛因”，原是合法处方药，用于舒缓癌症病人以及其他慢性病病人的疼痛。近来屡遭滥用，并衍生出严重的犯罪问题。

古人所说的鸦片，又被称为鲜红生命之舵、快乐星球、天堂的牛奶。根据古希腊典籍记载，鸦片可以治疗“长年头痛、癫痫、中风、呼吸不畅、腹痛、丁香草中毒、脾脏结石、妇科病、抑郁、所有恶性传染病”。

鸦片这种奇特的物质，萃取自细长的罂粟花，它浑圆的果实中满是种子。19世纪英国妇女以罂粟子泡茶喝，并以此安抚哭闹不停的小孩。当年在烟雾迷漫的伦敦街头，鸦片可以公开售卖，号称“婴儿镇定剂”、“温斯洛太太的抚慰糖浆”。鸦片可能是最早用于治疗精神疾病的药物，也是今日常见的中枢神经兴奋剂利他林（Ritalin）[①] 的前身。

艾玛对这类药物却有不同的看法。手术治好了她的背痛，但却让她"离不开止痛药，那很可怕。我以前从没想过药物成瘾是怎么一回事。现在我再看到罂粟花时，也不觉得它漂亮了。"我到她家作客，听她谈起一件事。这天艾玛一边看着英国小说家乔治·艾略特（George Eliot）的书，一边用电话和秘书讨论教职员的应聘程序，还能一边跟我讲述她的亲身经历。她不说我也看得出来，她超过两个小时没服药，就开始发抖。她伸出微微颤抖的手，从药罐里拿出两个药片，放进嘴里。她不能不吃药，就像植物无法不向光生长一样。

我们的祖先认为鸦片是万灵丹。我们还知道，注射鸦片会导致嗅觉失灵，更别提共用针头的风险了。我们知道毒品具有成瘾性。注射海洛因一段时间后，就会出现成瘾反应，如果吸食可卡因，起初会有激烈的反应，身体不停晃动，之后则需要更大的剂量，才能达到同样的效果。媒体与医药界将这些毒品的知识反复灌输给我们，证据来自对脑部的断层扫描，人脑因为渴望这些毒品而呈现红色影像。这种说法相当普遍，我们也都深信不疑。

从痛苦的地狱来到舒适的天堂

然而，心理学家亚历山大博士告诉我们，这些证据终究只是文化的产物。亚历山大博士住在温哥华市，多年来致力于研究成瘾行为。他发现影响是否成瘾的因素，不在于毒品的性质，而是受众多社会不利因素交互作用的影响。我们可以说炭疽病毒会导致肺部病变，但没有任何化学物质会导致成瘾反应。

① 利他林对中枢神经有兴奋作用，主要作用于大脑皮层，可增加突触前神经传导物质的释出，增加活动力与警觉性，减少疲倦感。——译者注

在亚历山大的理论中，成瘾并非确实存在的现象，而是某种证据薄弱、构思草率的个人叙述。因此他相当质疑艾玛或匿名瘾君子互诫协会（Addicts Anonymous，AA）的说法。此外，杰利内克（E. M. Jellineck）在1960年首先将酒精中毒列为疾病，后来奥尔兹（James Olds）与米尔纳（Peter Milner）研究发现，笼里的老鼠肚子再饿，也宁可服食可卡因，而不吃食物，直到饿得骨瘦如柴而死。

亚历山大也质疑这些研究的效度。他提出两项惊人的观点：一是"毒品本身会导致上瘾"的说法并无事实根据；二是即使不断接触药性最强的毒品，也未必会导致成瘾问题。亚历山大说："多数人可能使用药性最强的物质，并且反复服用，但也未必会演变成无可救药的毒瘾。"

综观历史，亚历山大所言也许不假。禁酒运动（temperance movement）[①]之前，鸦片可以合法买卖，成瘾比率都维持在1%左右。尽管艾玛这类实例比比皆是，但亚历山大信手拈来，就可举出许多研究印证其观点，就像音乐家随意舞动手指，音符便流泻而出。

一项15年前完成的研究显示，大多数住院病人，尽管长期注射高剂量的吗啡，在疼痛消除后，皆能顺利停用吗啡。另有一项针对安大略湖区居民的研究显示，95%服用可卡因的民众，平均每月服用不到一次。1974年，针对旧金山地区27名固定服用可卡因的居民，进行的为期11年的追踪观察，结果显示，所有被试皆能妥善控制用药状况。只有一人在这段时期对可卡因产生药瘾，11名被试表示，曾经一度每天服用，但目前已无此状况，其中7人的服用剂量已由7克减少到3克。

亚历山大特别喜欢引用越战士兵的实例，来解释药物成瘾的现象。90%在战时养成海洛因毒瘾的士兵，在战后随即停用海洛因，丝毫不困

① 19世纪由教会发起的运动，目的在推广适度、有节制的饮酒行为。——译者注

难。还有另一项关于纯可卡因的研究更为惊人，1990年针对美国青年的研究显示，5.1%的年轻人曾吸食过纯可卡因，但只有0.4%在受访者的当月还继续吸食，不到0.05%的人在受访当月吸食天数超过20天。亚历山大兴奋地告诉我："**这显示，即使世界上最具成瘾性的药物，服用后上瘾的比例也不到1%。**"

还有其他研究可以印证亚历山大的观点。他很喜欢高谈阔论这些研究，简直就像在传教。他说话带有柔和的英国口音，但仍给人以强势的感觉。他瞪大双眼，眼睛透过镜片放大后，看起来好像受到惊吓。他双手环抱胸前，举证说明自己的观点。我问他："你使用过毒品吗?"我之所以这样问，是因为他的言行举止有时让人略感怪异。他说："我和一些朋友在一起时会吃点迷幻药，但不是固定服用。这样做可以让我更深入地了解自己。"他暂停片刻，我等着他继续。他说："有一次我吃了迷幻药后，觉得头痛欲裂。我看着自己的身体，却无法随心所欲、自由活动。我当时想：'我应该快死了吧!'我躺下来打算等死，心跳仿佛就要停止。我知道这种感觉无法压抑，我一停止挣扎，马上就可以从痛苦的地狱来到舒适的天堂，飘飘欲仙。从此之后，我就不在乎道德不道德的问题了。"

我问他："那是多久以前的事?"他说："二十几年前的事了。"

亚历山大很适合担任迷幻药的代言人。根据亚历山大的经验，迷幻药不仅可以让你超脱肉体拘束，而且只需片刻，就能带领你进入乐土，显然也不会产生严重的后遗症。

爱的本质，成瘾的本质

我小心翼翼地打量他。我是心理学从业人员，曾在许多防治药物滥用的机构工作过，亲眼目睹药物成瘾的威力。亚历山大的说法只能当成某种宣传用语，不过他说的话确实有真实的成分。尽管有些东西还有待商榷，但颇能鼓动人心。亚历山大通过设计缜密的实验取得的真凭实据，不仅印证了他的假设，而且也为那些他喜欢引用的研究提供了坚实的论据。你可以反驳，也可以赞同，并随他进入奇幻古怪的境界，颠覆你原先的假设，眼前一片开阔，满是奇花异草。

亚历山大从小生长在一个爱国意识强烈的家庭。他的父亲是一名军官，退役后到通用公司担任工程师，他去世前几年，总是会命令别人称他上校。从亚历山大的照片可以看出，他年轻时是个英俊挺拔的美男子，19 岁时，他和一位美女结婚，搬到俄亥俄州的牛津市。那里气候寒冷，混浊的俄亥俄河两岸都是金黄的玉米田。

两人的婚姻很快降至冰点。亚历山大后来前往迈阿密大学研读心理学，在那段时间，他看到了哈洛的猿猴实验影片，“我心想，这个人是研究爱的本质的。而我情场失意，应该向他请益”。亚历山大真的写信给哈洛，并获得威斯康星大学的入学许可。于是他满怀希望前往麦迪逊，攻读硕士及博士学位，探究人与人之间的联系。

亚历山大长途跋涉，前往一个更为寒冷的地方。他来到哈洛的实验室，随即被派去观察缺乏母爱的猴子。他的任务就是看着这些母猴啃咬自己所生的小猴或以其他方式虐待它们，并记录每天出现几次这些行为。他注视这些猴子，但更注意观察哈洛。亚历山大说：“他是个无可救药的酒鬼，随时都醉醺醺的。我常常在想，什么力量让这个人如此茫然、不知世事？我来哈洛这里是想了解爱的，但最后却开始思索成瘾行为。”

越战爆发，已经离婚的亚历山大抛下两名还在学步的幼子，前往加拿大，因为他“变得很偏激，无法再待在那个国家”。他跨过国界，应西蒙弗雷泽大学（Simon Fraser University）之聘，担任心理学系助理教授。也许是上天的安排，亚历山大教授一门有关海洛因成瘾的课程，但他对海洛因一无所知。

于是他到温哥华一家治疗药物滥用的医院实习，在那里，他首度从非药理学的角度来看待成瘾行为。“有位病人让我印象特别深刻，他的工作是在圣诞节前后在某家购物中心扮演圣诞老人。他若不吸食海洛因，就无法工作。只要吸了海洛因，他马上精神抖擞，穿上圣诞老人的服装，套上黑色橡皮靴，一连微笑6个小时都不累。我那时候开始思考，也许有关药物滥用的理论都错了。人类使用药物，并非药物成分致使其不得不一再服用，而是服用药物可以让自己适应环境的苛刻考验。”

亚历山大的观点显然与当时的理论相左。现代研究者逐渐承认，成瘾行为受“多重因素”的影响，但亚历山大的主张依然与今日的主流观点相抵触。综观药物滥用的文献，论述模式大同小异。它们都承认药物成瘾是受环境影响，但随即矛头一转，将药物成瘾的原因又全盘归于人脑电波与化学作用的影响。

20世纪50年代，许多重要研究指出生理机制对药物成瘾的影响，这些实验不仅主导了当时学术界，而且至今仍有重要地位。1954年，加拿大麦吉尔大学（McGill University）两位年轻的心理学家奥尔兹与米尔纳率先发现，实验的小白鼠为了让脑部奖赏中枢（reward center）受到电击，获得快感，会刻意按压控制杆（如图 7-1）。其他类似的实验还有，博扎思（M. A. Bozarth）与怀斯（R. A. Wise）让实验动物可以自行摄取导管中的兴奋剂，迅速获得快感，而同时这些动物陆续挨饿致死。

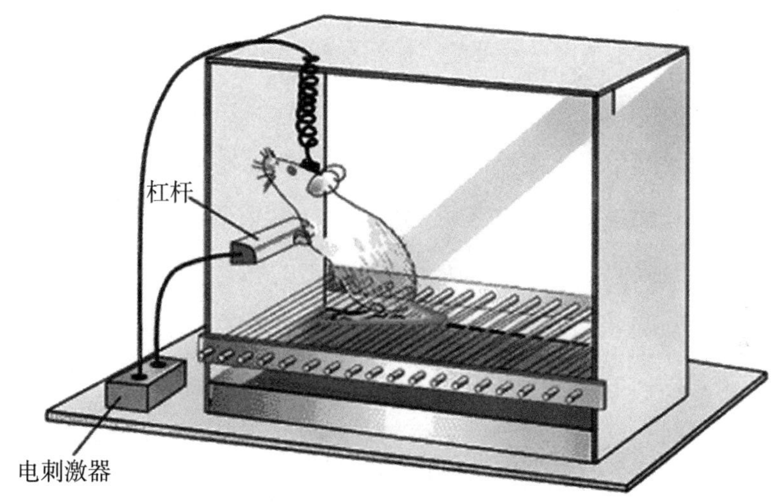

图 7-1 奥尔兹与米尔纳的实验

另有一类实验，设置一个带电区域让老鼠通行，行经此区时老鼠厚实的脚掌会受到严重电击，但若能闯过这个带电区域，就可得到含有鸦片的药丸。我在此先离题一会儿，谈谈老鼠脚掌的构造。老鼠脚掌虽有皮毛覆盖，脚趾指节分明，然而在其粉红色的脚掌肌肉中，布满了神经末梢的感应部位，对于各种外界刺激相当敏感。因此老鼠穿越带电区域时，不断尖叫，表现得很畏惧，一到终点，便瘫倒在地，从导管中吸取药丸。

这些研究发现足以证明某些物质的药性强烈，不是吗？这也证明成瘾反应具有生理上的必然性。随处可见吸毒成瘾的人，在市区暗巷游荡，在垃圾堆里翻找食物，这也足以佐证。亚历山大当然也读过这些文献，但他却不这样想。他以奥尔兹与米尔纳的研究为基础，发展其实验。奥尔兹与米尔纳当时颇受瞩目，而亚历山大还籍籍无名。

愉快中枢，欲罢不能

奥尔兹与米尔纳假设脑部的“愉快中枢”（pleasure center）位于脑部下层（如图 7-2）。为了印证假设，他们剖开一两只老鼠的头骨，在如豆子般大小的大脑中置入细小的电极。他们最初以牙科胶水固定电极，后来为了更加稳固，改以珠宝工匠用的螺丝。接着观察老鼠的后续反应。两人发现，老鼠似乎喜欢脑部受到轻微电击的感觉，电极位置不同，反应也不一样。电极偏右，老鼠会格外温驯；偏左，则会兴奋而一直喘气；往下，老鼠会不停地舔生殖器，直到生殖器沾满口水，闪闪发亮；往上，老鼠则会胃口大增。奥尔兹与米尔纳也发现老鼠会自动按压控制杆，使脑部受到刺激，若电极放置区域正确，老鼠一小时内甚至会按压 6 000 多次。两人据此推断，脑部布满了引发快感的区域。

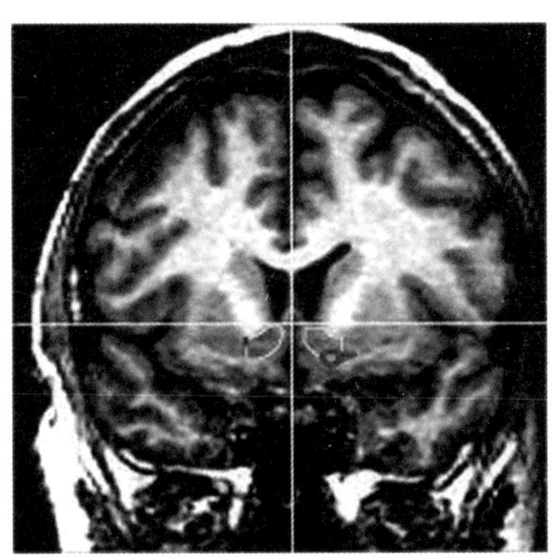

图 7-2　愉快中枢

“放对位置”就是放在内侧前脑束（median forebrain bundle），奥尔兹相当得意地宣称，这里就是愉快中枢。我想亲眼看看这些脑束究竟是什么模样，毕竟快乐很难抗拒。一位朋友把我介绍给另一位也在动物实验室工作的同事，我看着他抓起一只“被牺牲”的动物，剥开脑膜，露出缠绕纠结的脑，这里掌管认知，那里掌管抉择，还有几束灰色的线状物，那就是内侧前脑束，没想到快乐的源头一点也不特别。

当时亚历山大也对药物滥用的病人进行访谈，这些人大多潦倒颓废。亚历山大不禁思索，既然我们只要使用药物就能刺激愉快中枢，很容易就感受到愉悦，那为什么只有部分用药者成瘾了呢？每个人都有看似平凡却美妙无比的内侧前脑束！其他研究者忽略的，而亚历山大注意到了。回溯 20 世纪六七十年代，当时刚发现的愉快中枢成为许多杂志竞相报道的主题。亚历山大认为，“具体的生理现象”是个人情绪与外在环境交互作用后的产物，决定是否成瘾的因素，除了药物性质，还有许多其他因素，如运气、巧合、加薪、廉价礼品等，真是无奇不有。他知道是这样，但苦于没有证据，因此他想找出证据。

心理学家、药理学家开始以愉快中枢为基础，推断药物成瘾的原因。药物就像一种化学物质的电极，刺激沉睡的内侧前脑束，使其想再得到更多刺激，这道理就像我们抓挠蚊虫叮咬过的伤口，越挠越觉得痒。

这样的解释简单易懂，但不够明确，也不科学。有些研究者于是从药理学角度切入，提出相当有趣的理论。人脑中有一个药物工厂，生产各种化学药物：作用如同鸦片的内啡肽（endorphins）是人体天然的止痛剂，多巴胺（dopamine）、血清素（serotonin）具有安定心神的作用。人脑会根据实际状况，自动调节生产少量的药物，让我们感到舒适，渡过难关。然而一旦我们开始从外界输入药物，如吸食大麻或纯可卡因，原本处于平衡状态的血液，受到外来药物作用的影响而释放信息，让身体停止生产天然化学物质，而依赖外在供给。

换言之，我们的身体为配合外部的人为供给，会停止自行生产。这种反应有个好听的说法，那就是“神经适应模式”（neuroadaptive model）。一旦药物改变了人体的自行调节系统，要恢复原先的状态就得经过一番努力。

亚历山大说：“先讨论多巴胺减少的理论。因为吸食可卡因会导致脑部停止生产多巴胺，所以需要吸食更多可卡因，才能达到同样的刺激效果。多巴胺减少会导致人类需要更多可卡因，这种说法缺乏具体实证。”我打电话给一位曾在缉毒单位担任助理的朋友，耶鲁大学毕业的克雷勃（Herb Kleber），他说：“当然有证据。你没看过脑部断层扫描的研究吗？吸食可卡因的人，脑部都会缺乏多巴胺，且缺乏程度与想要吸食可卡因的欲望强弱有相当密切的关系。”

有关？无关？或许？纵览心理学所有领域，只有药物研究才会出现矛盾答案并存的现象，此时科学就像政治，不仅无法厘清事实，而且还会衍生出混淆错乱。

麻省理工学院心理学教授杜米特（Joe Dumit）说：“这样说吧！脑部断层扫描的结果未必可靠。研究者很容易营造出差异很大的假象，产生误导。谁也不能肯定！”杜米特叹口气。整天研究大脑可不是件简单的事，简直就是没有止境且毫无希望的反复演练，企图超脱自我局限来了解自我。算了，给我一杯酒！

我们住在乐园里，谁还需要吗啡

亚历山大想找出证据。他住在风景如画的海滨城市温哥华。他观察其他研究者的老鼠——那些药物成瘾的老鼠，它们中一些背部的毛被剃光，直接插入导管，被关在狭窄脏乱的笼子里。也许这就是证据。

亚历山大这样想："假如我必须住在那种环境中，我一定也需要药物来让自己振奋。"要是把笼子移走，也就是改变社会限制，不知有何后果。动物若身处快乐舒适的环境，是否仍难逃成瘾的生理反应？亚历山大暗自思索这个问题，露出了神秘的微笑，他的脑海中闪过一个绝妙的点子："老鼠乐园"（Rat Park），他随即动手打造这个奇特的地方。

亚历山大和两位同事柯姆斯、哈达韦，一起建造了五六平方米大的住所，在此安置实验用的白鼠，以此取代了常见的窄小笼子。新鼠舍中，温度适中，摆放着许多美味的松木刨花，有各式各样色彩鲜艳的圆球、滚轮、锡罐。

亚历山大等人打算将公鼠母鼠都移居其中，鼠舍中有足够的空间满足不同的用途，包括交配、分娩、游玩嬉戏、哺育幼儿。三人接着为这间老鼠的五星级豪华饭店粉刷墙壁。底色是鲜绿和鲜黄，还画上落叶树木，道路蜿蜒在群山之间，溪流流过平滑的石头。

亚历山大、柯姆斯、哈达韦三人为老鼠设计了若干实验情境。其中一项名为"诱惑"，基本假设是老鼠嗜吃甜食，很少见到它们能拒绝甜点的诱惑。在这项实验中，研究者把 16 只老鼠放进了豪华的老鼠乐园，另外 16 只老鼠则留在拥挤且与外界隔绝的笼子里。

因为纯吗啡带有苦味，老鼠不喜欢，所以他们把吗啡掺在糖水里，给两组老鼠喝。起初只加一点点糖，实验越久，糖越加越多，到最后简直就像甜腻腻的甜酒。老鼠一边喝水，一边吸收难以抗拒的类鸦片药物。他们也提供两组老鼠普通的自来水，水质浑浊略带霉味，就放在装了吗啡水的瓶子边。

以下是他们的发现。实验刚开始时，吗啡水的甜度不高，但置身拥挤笼里的老鼠，会去喝吗啡水。这些老鼠用力啜饮，我想，没过多久，它们就会头晕目眩，倒卧在地，眼神呆滞，细小的四肢缓慢晃动。住在老鼠乐园里的老鼠，不管实验者加多少糖，都会排斥喝下具有麻醉效果的液体。

不过有些老鼠偶尔会去喝，母鼠多于公鼠，尽管如此，它们还是比较偏好自来水。两组老鼠都曾喝下吗啡水，但相比之下，拥挤笼子中的老鼠喝水的频率是乐园中老鼠的16倍，显然具有统计上的显著意义。更有意思的是，研究者在老鼠乐园的吗啡水中加入耐勒克松（Naloxone）后，这些老鼠一改对吗啡水的厌恶，开始去喝这种水了。耐勒克松可以减轻类鸦片药物的作用，但也会稀释液体的甜味。

这项令人震惊的发现反映出最重要的一个事实：置身“友善”环境中的老鼠会避免接触任何影响其群体行为的物质，如海洛因。老鼠喜欢带有甜味的水，前提是喝下肚后，不会让自己神情呆滞茫然。至少对啮齿类动物来说，若身处舒适情境中，便不需要鸦片之类的物质。而我们一向将鸦片视为无法抗拒的诱惑，这实在是错得离谱。

我们认为这项结果不仅相当重要，而且也深具统计上的价值。假如老鼠在正常环境中会持续抗拒麻醉药物，那么所谓“天生成瘾倾向”其实是以受隔离动物为实验对象，却将结果过度推论到了全体。这种解释是错的。

近来学界提出“适应”（coping）的观点，以此来解释人类对药物成瘾的现象，上述发现刚好可以与之呼应。我们应当记住，老鼠天生喜好群居，精力旺盛，好奇心强。孤立隔绝的环境不仅会造成人类的心理压力，其他动物也同样难以忍受，因而会诱发极端的适应行为，如使用强效止痛剂、镇定剂。上述实验中老鼠对吗啡的依赖就是最好的例证。

群体生活的老鼠抗拒吗啡，可能是因为吗啡的镇定作用太强，会干扰老鼠的能力，使其无法自在地吃喝玩乐、求偶，或从事其他可充实生活的行为。诱惑实验显示，鸦片之类的药物不会让人成瘾。

而这样的结果等于在挑战禁酒运动的主张。自从禁酒令颁布以来，节制饮酒的主张及相关思想逐渐成为主流，多数有关成瘾反应的研究都深受其影响。1873 年，有位观察采访禁酒集会群众的记者写道：“群众一起唱着‘赞美上帝，赐福人间’。与此同时，街上涌入大量私酒，一旁的妇女有的哭喊，有的相互唱和、答谢……”这段引文所描述的情景，激发了奥尔兹与米尔纳的研究动机，也是当今反毒运动的源头，它引起了心理学界支持与反对的论辩。一般人往往对于物质成瘾抱有盲目的恐惧，尽管我们浑然不觉。而亚历山大等持相反意见者所精心设计的实验，目的就是要颠覆这些成见。

没有比慢性自我毁灭更好的抉择

实验到此还不完整。亚历山大、柯姆斯、哈达韦三人顺利证实了，即使是药性最强的药物，如果它会影响得到满足的机会，被试老鼠也会抗拒。不过三人又有另一个疑问：已经形成的瘾又是怎么回事？三人试图让老鼠乐园里的老鼠对某种物质成瘾，结果都失败了。

持反对意见者则轻松反驳：“好吧！老鼠享受着五星级豪华饭店的高级设施，随时都能满足性需求，它们当然不会上瘾。可是现实世界里，人类更为脆弱，可能会在人生低潮时开始服用药物，一旦成瘾，就停不下来了。戒除过程相当痛苦，瘾头一再复发，几乎没有例外。”

为了检验这个假设，研究团队再度找来两组老鼠，一组留在笼里，一组移往老鼠乐园。除了吗啡水，不提供其他饮用水。57 天后，所有老鼠都染上了海洛因毒瘾。亚历山大写道：“时间够久，足以产生耐药性与毒瘾。”

接着再给两组老鼠自来水与吗啡水，结果不出所料。留在笼里的老鼠继续啜饮吗啡水，老鼠乐园里的那组，即使已经吗啡成瘾，也不去饮用含吗啡的水，即使出现戒断症状，也会减少服用的剂量。这项发现意味着，已经形成的瘾并非不可改变。

药物研究者皮尔（Stanton Peele）指出，几乎所有人都同意尼古丁比海洛因更容易让人上瘾，但 90% 的抽烟者可以自行戒掉，不需“治疗计划”或“专业协助”。但会不会有戒断症状？亚历山大认为，我们都以为戒断症状代表了上瘾的固有力量，但实际上却未必如此。“老鼠乐园里的老鼠表现出轻微的戒断症状，它们会抽搐，确实有些症状，但都不是我们经常听说的那种莫名的发作、出汗。”也许老鼠不会，但人类会出现症状，我们都曾亲眼目睹。

亚历山大说：“绝大多数人戒除海洛因时，都曾出现某些戒断症状，就像一般感冒，没什么。”他的论点源于老鼠乐园的研究发现：戒断症状确实存在，但并非媒体所描述的那样，只是明显的流感症状以及生理上的不适。更重要的是，从老鼠的反应看，戒断症状并不会促使药物成瘾者继续服用药物。

亚历山大说：“我认为戒断症状就像毒品，长久以来都被过度渲染。其实这都只是我们的道听途说、以讹传讹。如果让有毒瘾者现身说法，那只不过是种不舒适的感觉，甚至达不到痛苦的程度。老鼠确实没出现痛苦的反应，越战退役军人也没有，还有许许多多人药物成瘾后，经历了戒断症状后，随即停止好转。”

亚历山大的研究意味着，成瘾反应事实上可以受自由意志所控制。老鼠、人类都可以成功戒断，没有任何问题。如果无法放手，并不是因为某些物质难以抗拒，而是因为动物发现在特定的环境中，没有比慢性自我毁灭更好的抉择。亚历山大所谓的成瘾，是一种为适应生活方式而采取的策略。而所有人为建构的策略，都可以通过教育、转移注意力等加以改变。会不会上瘾，我们可以抉择。

尽管老鼠乐园的实验是在20多年前做的，但亚历山大对实验仍记忆犹新。亚历山大说："我们随时都在讨论实验，吃饭时讨论，周末也讨论。我的孩子来实验室看老鼠，搜集资料。这些老鼠的反应一再挑战种种有关成瘾的成见，实在令人振奋。我的生活乐趣只有这一项，但也足够了，没什么好抱怨的！"

从亚历山大这番话里听不出任何兴奋的意味。尽管他不承认，但我还是感受到些许的失望。老鼠乐园的研究确实极具价值，并给人们带来许多冲击。然而这项研究始终未受瞩目。亚历山大说："我们提出研究报告，希望能发表在《自然与科学》（*Science and Nature*）上。这项研究完全有资格刊登，但一连好几次都被退稿了，实在太令人失望了！"最后，一本学术地位很高，但知名度较低的期刊《药理学、生化科学与行为》（*Pharmacology*，*Biochemistry*，*and Behavior*）刊载了老鼠乐园的研究报告。亚历山大说："那本期刊很不错，水准不错，可惜看的人不多。毕竟，那是药理学期刊。"

来自科学不毛之地的研究

亚历山大的研究较偏向心理学领域，但当时生物学当道，许多著名科学研究随之出现，这项研究遂遭人忽略。20世纪70年代，斯坦福学者戈尔茨坦（Avram Goldstein）发现，人体会分泌一种类似鸦片的物质：内啡肽。他也观察到海洛因成瘾者无法分泌足够的内啡肽，因此他假设若为成瘾者注射内啡肽，应可以降低其对药物的需求，可是结果完全无效。

但这并不重要，这项实验受到了重视，因为它是以生理学为基础，而美国学界对有关分子的理论特别青睐，只要是这个角度的论点，就算文不对题、避重就轻，都无所谓。亚历山大却将重点放在种族、阶级及其他多元社会中的微妙因素上。

亚历山大有时会愤愤不平。他指控生物医药领域为了政治利益，刻意隐瞒有关吸毒行为的重要信息。毕竟，老鼠乐园的实验结果如果受到重视，政府势必整顿市区老旧住宅，提高教育经费补助，降低医药经费比例。然而批评者指责亚历山大只想出名，曲解资料，企图引发社会争论。这是耶鲁大学毕业的缉毒人员克雷勃的观点，他以耶鲁大学为荣，认为来自“康涅狄格河以北”的研究都不值一顾。根据克雷勃的常春藤名校的标准，亚历山大的研究来自科学的不毛之地，所以他这样说：“一开始听到这项来自温哥华的研究，我还觉得很不错，不过现在却发现它的研究方法大有问题。”

我问：“有哪些问题呢？”他说：“我记不得了。”

我说：“亚历山大说，你认为成瘾是无可避免的现象，只要与毒品接触就会导致成瘾。”克雷勃说：“太可笑了，我从没这样说过，也不这样认为。”我说：“如果你不这样认为，为什么不支持毒品合法化？”他说：“美国有多少人咖啡因成瘾？”我说：“很多。”

他说：“大约2 500万。多少人尼古丁成瘾？大约5 500万。多少人海洛因成瘾？ 200万。越多的人接触某种药物，就有越多的人上瘾。尼古丁很容易获得，所以到处都能看到瘾君子。如果海洛因也很容易获得，上瘾的人数就会暴增，导致相当危险的后果。”

亚历山大指出，禁酒运动之前，成瘾比例始终维持在1%左右。他表示，把药物成瘾归咎于容易获得，犹如把肥胖问题归咎于食物，这显然与多数人的情况不符。

克雷勃继续说："你要花多长时间才能弄到一瓶啤酒?"我说："一分钟吧!"我想到了放在冰箱里的绿色酒瓶。克雷勃又问："拿到香烟要花多长时间?"我说："20分钟吧，"脑海里出现了几条街外的便利商店。他语气一沉，接着问："好，那你要花多长时间才能拿到可卡因?"幸好我和他是通过电话交谈的，否则他一定会看到我脸红心虚、眼神闪烁的模样。因为只要三秒钟，我就可以拿到可卡因，或是与其化学成分相当的东西，这些都是我那爱好化学的丈夫从网络上买来的。我们这家人应该算有恋药癖吧!

他又重复一次："要多久?"语调似乎有些许威胁的意味，是我的幻觉吗?难道他发现我不对劲?

我脱口而出："需要一段时间，也许几小时，几个星期吧!"他说："这样你懂了吧?来得容易，接触机会就增加了。越常接触，就越容易上瘾。"

我随手可得的药物之多，应该无人能及吧！我喝得到罂粟子泡的茶，拿得到医生才能开立处方的氢吗啡酮（hydromorphone）[①]，但我对这些都没兴趣。有时候我会想，为什么身边有这么多可以改变精神状态的药物，而我却没有一点欲望呢。我先生长年有疼痛问题，喜欢尝试每种药物。他如果不泡杯茶，不吞两颗氢吗啡酮，就几乎坐不下来，更别说好好睡一觉了。我很担心他，对他说："你要是还没上瘾，肯定也快了。"身为老鼠乐园实验的忠实维护者，他这样回答我："你知道真正的研究结果。我过得很舒适，可不是笼里可怜的小老鼠。"

① 一种半合成的鸦片类制品，效力为吗啡的5~10倍。——译者注

不一定掷地有声，但必将余音绕梁

然而还是有人上瘾，因为他们深受折磨，只想得到缓解。以艾玛为例，我们无法忽视她的亲身经历。她和我丈夫一样，过得和老鼠乐园里一样舒适，但她就是无法摆脱药物的诱惑。每一次她尝试把药剂减量，“情况就会变得很糟”。我再度前去拜访，她绝望地说：“没人告诉我这种药这么危险。”她开始把奥施康定药片分割成小片，减少每次服用的分量，她用这种渐进递减的方式，希望能减轻药瘾。奥施康定造成的恐慌正席卷美国，全美各地的药剂师都惶惶不安，药店则摆出“本店不出售奥施康定”的招牌。

要找出证据反驳老鼠乐园的实验结果并不难。各种需求都能满足的有钱人常是药物滥用者，还有证据显示，持续接触类鸦片药物或可卡因，确实会造成脑部明显的变化，致使自由意志丧失。亚历山大对此自有解释。有钱人也像平常人一样，受制于社会规范与冲突；脑部断层扫描显示的脑部变化，只能证明两者确有关联，而非因果关系。

你可以接受亚历山大的反驳，但无法改变以下事实：亚历山大有关老鼠乐园的研究，其实并未显著改变社会整体对药物成瘾的看法与做法。因此，这个实验到底为什么伟大呢？克雷勃说：“这个实验并不伟大。”亚历山大自己也说：“老鼠乐园的实验并不出名。你为什么想把它写进这本书？只有少数人支持这个实验，事实就是这样。”的确，老鼠乐园的实验的名声并不响，但它回响虽小，却余音绕梁。

本章先前引述了若干实验，这些实验显示人类并不容易上瘾，这些调查研究部分是受到亚历山大的启发。亚历山大的实验也促成了许多研究，这些研究开始注意吗啡成瘾的癌症病人，目前相关研究已经开始从生理、心理、社会层面的差异来解释吸食吗啡止痛与寻求快感的分别，前者很少导致成瘾反应，而后者通常会招来麻烦。

最重要的是，亚历山大的研究引出一连串有趣的后续实验，这些研究都以环境对人类心理的影响为主题。1996 年，伊朗进行的一项研究指出，居家环境单纯的妇女生育率明显高于住处由多个家庭共享的妇女。换言之，环境拥挤，生育率就下降。有关监狱的研究也显示，人口密度越高，自杀、谋杀、疾病的问题就越多。置身窄小空间的人，解决问题的能力也较差。

追根溯源，殊途同归

对老鼠乐园的实验，各界反应冷淡，亚历山大应该颇感失望，但他并未沉湎其中。亚历山大不像他的老师哈洛，他并未意志消沉，也没有借酒或药物消愁。老鼠乐园的实验只是人生历程的一个里程碑，他继续思考、计划、参与。

亚历山大加入了波特兰酒店协会，这是一个位于温哥华的机构，它为艾滋病人提供消毒的针头、温暖的住所，让他们死得有尊严。由于老鼠乐园的实验未能引起学界的瞩目，西蒙弗雷泽大学因而撤销补助经费，亚历山大却能泰然处之，转而研究“史上首位心理学家”柏拉图。另外，有保护动物人士抗议其实验室通风设备不良，校方决定予以关闭，整个实验宣告终止。几个月后，实验室通风设备仍未见改善，却重新开放，用做学生咨询场所。亚历山大说：“那样的条件对老鼠不好，给人使用却变得可以接受了！”

他的话语中丝毫没有挖苦意味。实验室关闭，不再研究老鼠，亚历山大开始转向研究历史，检视失传已久的文化，采寻其中的线索，了解为何有人会成瘾，有人不会。他发现在许多时代，物质成瘾的现象几乎不存在，这让他感到相当有趣。例如，加拿大的印地安人还未被西方文明同化时，物质成瘾的比率几近于零。而英国在工业革命剧变之前，人民务农维生，与土地共存，那时候几乎没有物质成瘾的问题。

亚历山大发现，成瘾比率提高，并非因为药物更容易获得，而是人心彷徨，不知何去何从。“20 世纪末，无预警裁员增加，社区联系变得薄弱，人际关系急剧变动。随着时代的发展，家庭瓦解，工作、技术、语言、国籍、意识形态不断改变。价格、收入及社会互动都不稳定，就连最重要的经济体系也未必能维持良好的运作。有钱没钱都一样。人心错乱，引发了更大的混乱，而且波及脆弱的人际互动网络、社会与实体世界，就连维系心理社会平衡的精神价值也难以幸免。”亚历山大说，失去这些重要的力量，人类就像笼中之鼠，社会失调，心无定向，人们盲目寻求慰藉，不管能否从中得到实质的满足。

追根究底，亚历山大显然放弃了过往的信念，成为传统的捍卫者。多年来他不断提出前卫激进的质疑，却得到如此保守的结论：我们应该重视人际关系、爱、情感以及由友谊、家庭及工作构筑成的生活模式。现在，亚历山大在温哥华岛上的小农场悠闲度日，写作著述，过着简单的生活。

也许他该邀请总是和自己意见相左的克雷勃一起来此度假。亚历山大相信恶劣的环境导致成瘾反应，克雷勃相信决定因素是接触这些药物的机会。两人到最后却目标一致：维系社会结构的稳定，用家庭取代帮派，回归传统，为贫乏的文明指引方向。克雷勃这样写：“我们应当致力于消除药物滥用与成瘾现象，使其减至最低程度…… 美国社会应致力于让所有公民有发展天赋的机会。”亚历山大说：“我们只有教导儿童重要的文化遗产与中心理念，才能有效减少心理病态的可能。”两人最后都谈到了人的尊严，也都深信不疑。

那只海鸥，长着雪白晶莹的羽毛

我希望能提出具体明确的结论。尽管本章讨论的是具体的物质，但最后的结果却虚幻不定，仿佛吸食鸦片后的梦境。根据“实验结果”，艾玛服用镇定剂是为了缓解痛苦，而非追求快乐，所以她应该不会上瘾，但她却上瘾了。根据“实验结果”，我先生不断接触药物，应该会成瘾，但他却没有。克雷勃主张，成瘾比率会随接触机会增加，且提出数据来印证。亚历山大则说，假如他所言属实，种植罂粟花的国家，其人民应该都会上瘾，但事实并非如此。到底有谁知道这究竟是怎么一回事？

最后我决定亲自体验。样本数：1，假设：无。我不确定自己是否身处牢笼。我家很宽敞，生活美好，人际互动频繁且健全，但我是自由经济体系里的小卒，和这年头的其他人一样彷徨错乱。我没有宗教信仰，不是大家庭。我打算和亚历山大的老鼠一样，连续57天服用氢吗啡酮，然后停药，看我会怎样。

我吞下两片，再加一片，应该够了，我兴奋起来。微风轻拂脸庞，感觉很舒服。停车场上有只海鸥，长着雪白晶莹的羽毛。我顿时觉得那是世界上最漂亮的鸟。

3天过去了，4天过去了，一切都很好。一连好几个星期，我在晚上服用含鸦片成分的药物，对着月亮发呆，想着好笑又甜蜜的事情。白天，我仔细观察自己，我看起来像一个期待夜晚到来，服用万灵丹的人吗？我渴望那东西吗？我寻找渴望药物的征兆，就像我在怀孕初期，随时注意异常的疼痛和痉挛，因为那可能是流产的前兆。我开始胃痛，对我来说，吗啡是种怪异的甜点，不好吞，也不好消化。到最后，我宁可和朋友吃饭，也不想为一只海鸥而感伤。14 天后，我突然停止服药。我有些焦躁不安，还有点鼻塞。不过也许是被女儿传染了感冒！

以下是我这次实验的心得。看你喜欢哪一个吧！

- 吗啡不一定会导致成瘾反应，而对于戒断期间的生理反应，确实存在过分渲染夸大的现象。
- 克雷勃也许会说，我的基因健全，所以成瘾的可能性不会提高。
- 我并未进展到注射药品的程度，所以快感不会提高，内侧前脑束也没有受到密集的刺激，所以没有任何风险。
- 我不置身于人群，也不在牢笼中。

挑一个，或是都不要。我也搞不懂，只觉得累了。我要回到正常的生活，我的世界并不完美，但已美好到让我感到幸福。

人类的天堂在哪里

最后我打算亲自造访老鼠乐园。我想躺在里头，感受着空间的宽敞，呼吸着杉木木屑的浓重气味。我看到亚历山大保留的木夹板做成的墙面，那是老鼠乐园的布景，上头画着高耸的松树，映衬着背后的蓝天。天空中飘着几朵云，河水奔流注入大海。

老鼠住在这个乐园里，就相当于人住在四季如春的加州，食物来源从不匮乏，没有其他动物虎视眈眈，身旁弥漫着木头的香气，就好像曾祖母的木制衣柜。亚历山大说这个老鼠乐园是正常环境，他说："我们坚信这个正常环境可以充分满足老鼠的需求，所以吗啡产生不了吸引力。"

不过当我看到眼前的设施，当初还有充足的食物，随时可用的运动器材，怎么都不觉得这是“正常环境”，而是“完美环境”。我相信在实验室外的世界，绝对找不到这样的地方。也许这就是亚历山大实验的致命伤。他打造了一个天堂，发现每个身在其中的人都很快乐。但这样的天堂究竟在哪里？老鼠乐园真能反映“现实生活”吗？这样的环境只能证实，我们如果能置身于这个神话般的世界，即可免于药物成瘾，但这样的世界以前没有，现在没有，未来也不会出现，我们只能带着有缺陷的基因，活在不完美的真实世界里。

最后，亚历山大这个情场失意、两度离婚的男人，60 多岁时终于和第三任妻子安定下来。他骨子里是个相当浪漫的人，相信老鼠乐园可能出现在真实世界里，相信我们可以创造一个乐善好施的大同世界，但谁知道会不会有那么一天？这种浪漫的世界观认为，只要提供合适的机会，每个人都能充分发挥所长。而一般的世界观源于怀疑甚至愤世嫉俗的心态，认为世界充满了困难，处处都是牢笼，我们身边全是无形的栏杆。这两种南辕北辙的世界观，同样有说服力，难分轩轾。我相信后者，但我无法证实，也不想证实。

回家后我接到艾玛的电话，她告诉我，她终于“摆脱了那该死的药”，还说她再也不用止痛剂了。如果我打电话给亚历山大，告诉他艾玛的故事，我可以想象他一定会大声嚷嚷，想出各式各样的理由来解释这个与他手边资料相抵触的故事。艾玛可能还处于痛苦状态，只是她不承认；也许她看似快乐的家，私底下已蒙上了沮丧的阴影；也许她丈夫并不支持她；也许她工作太认真。亚历山大会把从前和我说过许多遍的话，再拿出来跟我说：“在我 30 多年的研究生涯中，我从没看过一个内在与外在需求都得到很好满足的人会药物成瘾。这绝不可能。你要是找得到，我就放弃所有的信仰。”

我不会打电话给亚历山大，告诉他艾玛的故事。我也不会打给克雷勃，告诉他我先生可以很容易得到药物，但没有出现严重的药物问题。真正的药物战争也许不在街道上，而是在学术界。对于成瘾反应的激烈辩论究竟有何意义？不管哪一方都不具有代表性。药物成瘾的问题牵连甚广，不只是化学物质，更包括自由意志、责任与强制、缺陷与弥补的方式等，这些因素交替作用，最终导致难解难分的困境。

我上楼来到书房。夜深了，床边小桌上的彩绘台灯亮起，投射出柔和昏黄的光线。鹅黄色的墙壁让人感觉很温暖，上头挂着樱桃、水蜜桃的素描。我爱这间书房，也喜欢那只毛茸茸的肥猫。我们每个人都想跟它玩。因为家里有老鼠，所以才养了它。尽管养了猫，我还是可以听见老鼠在暖气管中吱吱地叫。就算在睡梦中，我也能听到它们四处穿梭蹦跳，宛如体操健将，四处啃咬抓搔，不断繁衍。老鼠们，祝你们快乐。

第8章

你编造了记忆

洛夫特斯与虚假记忆的实验

记忆是人生旅程的深浅足印。如果没有记忆，我们的过往只剩下一片空白，任凭他人诠释。唯有记忆的存在，才能证实从古至今，人类的繁衍存续并非虚幻梦境。柏拉图认为记忆是纯粹且完美的，过往经历皆完好地收藏在记忆中，随人回顾怀想。弗洛伊德鼓其如簧之舌，有时说记忆由梦境与现实交杂而成，有时则将记忆比喻为重播的影片。

心理学家洛夫特斯（Elizabeth Loftus）却打算挑战两位宗师。洛夫特斯本来打算当数学老师，但是在加利福尼亚大学洛杉矶分校就读时，她对心理学产生了兴趣。1966 年，她获得数学和心理学学士学位。随后进入斯坦福大学研究生院，1967 年获文学硕士学位，1970 年获哲学博士学位，在斯坦福大学学习期间，她开始对长期记忆发生了兴趣。

她的观点是什么？记忆像诡异多变的河流，像狡黠的老鼠，难以掌握行踪。洛夫特斯大胆创新的见解，震撼了实验心理学界。

洛夫特斯首先请被试描述看过的物品，如交通标志、胡须、农舍、刀子等。她可能会问被试："那个标志不是黄色的吗?"只要她暗示有这个可能，被试明明看到红色的标志，也几乎都会附和说是黄色。其次，她请被试观赏影片，片中一名头戴面具的男性，身受枪伤，倒在无人的街头。她问被试："你记得那个人有没有留胡须?"每位被试都说有胡须，然而片中的男子头戴面具，根本无从分辨。

任教于华盛顿州立大学的实验心理学家洛夫特斯说："现实与想象只有一线之隔。"她以这项实验印证了上述观点，也让我们知道，即使是微乎其微的暗示，也会影响记忆的真实性。记忆宛如孩童的水彩画，在画纸上随意涂满浓稠的颜料，可能是这样，可能是那样，事实上却是一片混沌。

洛夫特斯自此声名远播，或说臭名昭著也无妨。她发现记忆会遭扭曲，这项发现本身已具有极佳的卖点。20世纪七八十年代，多位律师请洛夫特斯协助，指出目击证人的描述与监视器拍摄的画面不符，试图改变陪审团的决定。洛夫特斯说："我帮过不少人。"包括山腰扼杀者（the Hillside Strangler）[①]、梅内德斯兄弟（the Menendez

① 1977年，Kenneth（Alessio）Bianchi与表亲Angelo Buono于加州犯下多起强暴谋杀案，受害者死前皆曾遭受残酷凌虐。1979年洛杉矶警方将两人缉捕归案。——译者注

brothers）[①]、诺斯中校（Oliver North）[②]、泰德·邦迪（Ted Bundy）[③]等。我很惊讶：“泰德·邦迪?”她说：“没错。那时还没人知道他是连环杀手。”

《山腰扼杀者》电影海报

我问她：“你这么肯定？你为这些人辩护，但你怎么知道他们确实清白无罪?”她回答：“我就告诉你吧！虚假的记忆让你我这样的普通人成了骗子。现在层出不穷的儿童性侵害案件，搞得人心惶惶，其实虚假记忆这种病才可怕。每天晚上，在我们好梦方酣之时，不知有多少儿童遭强暴或虐待，这些孩子可能不敢讲出来，因为‘没有人会相信’。事实上，相信的人还真不少!”

洛夫特斯说完，突然哼了一声，接着是一阵沙哑的笑声，凸显出话语中的戏谑意味。她很特别，略带洒脱散漫的气质，游走于专业形象与个人情感间，来去自如，难以捉摸。她接着补充：“25%的被试会这样。虽然不到半数，但就统计学层面看，意义相当重大。这么多人会受……”她静默片刻，突然话锋一转，说：“我说过我的情人吗?”今天是2月14日，她刚收到前夫的卡片。这是指她“过去式”的丈夫葛瑞格。洛夫特斯拿出卡片，念着：“你知道我爱你哪一点？不假思索，脱口而出，就像弗洛伊德说的。”她笑着说：“我还爱他，可惜他已经再婚了!”

---

① Lyle Menendez与Erik Menendez，加州洛杉矶富商之子。两人于1989年8月24日，冷血谋杀双亲。1990年遭逮捕，两人被判无期徒刑，不得假释。——译者注

② 1992年，里根政府爆发了非法对伊朗军售的丑闻，诺斯中校在国会听证会上，一肩扛下所有责任，成为全美家喻户晓的人物。——译者注

③ 横行于20世纪70年代，诱骗多名妇女，强暴后予以杀害，1990年判刑后执行死刑。——译者注

改变一生的富兰克林案件

1990 年是洛夫特斯人生的转折点。一般人很难明确指出哪些事情改变了自己的一生，通常都是许多事件纠结不清，逐步酝酿，总得经过多年的沉淀，才能看清始末。洛夫特斯却不是这样。1990 年，一位名叫洪葛德的律师致电洛夫特斯，请她为一桩相当棘手的案件出庭作证，被告是一位 63 岁的老翁富兰克林。他的女儿艾琳指控父亲在 20 多年前强暴她的好友并杀害了她。

这段记忆在她心里尘封多年，直到此时才想起。年代久远的无头公案，受害者已成一堆白骨，这正是心理学天后洛夫特斯的拿手好戏。她当仁不让，跃上舞台。洛夫特斯说："你目睹重大变故，完全失忆，而突然在十几年后，灵光一闪，想起整件事的经过？我认为这不可能。"

洛夫特斯并不打算争辩这些重大变故是否确有其事。她质疑的是，受创的经验能否完全与意识脱节，原封不动地贮藏在某个秘密的空间，等时机成熟，全数涌上心头，犹如深埋地底的珠宝箱，开箱即可见到硕大宝石闪闪发光。洛夫特斯说，记忆的光芒无法持久，转瞬间消褪隐灭。她曾在实验中亲眼目睹纯粹的记忆如何受到污染，此外，时间越久，记忆越模糊。

眼前这名老翁富兰克林即将被判有罪，除了女儿的儿时记忆，没有其他确切证据，而她的记忆很可能是受某位新世纪心灵治疗师的暗示而来。洛夫特斯将"暗示"视如妖魔！常人不过一层薄皮覆盖肌肉与骨骼，任何东西都穿得透，当然难以抗拒暗示。这可不是危言耸听。

所以洛夫特斯出庭为富兰克林作证。她告诉陪审团员，艾琳的记忆未必可靠，问题不在她这个人，而是记忆运作的必然结果，时间一久，遗漏在所难免。遗忘很久后突然恢复记忆，这类案件在当年屡见不鲜，媒体也大肆报道，富兰克林案就是其中之一。洛夫特斯在法庭上指出，人类惯于将事实与想象混杂，改造过的记忆反被当作确有其事。

她举实验结果为证：被试把红色标志记成黄色，将不存在的谷仓描述得煞有其事，印象中有胡子的人事实上却没有。艾琳说她看到父亲用来敲碎好友头骨的石块，看到戒指在阳光下闪烁，她还想起地上有一摊血迹。洛夫特斯说："这些都不是真的。艾琳是后来从新闻报道中才得知这些细节的。"陪审团并没有相信她的说法，洛夫特斯为此深受打击。事隔 20 多年，富兰克林因强暴并谋杀女儿的好友，被判有罪。这样的结果令人心寒，也让她决定了后续的研究方向。

洛夫特斯告诉我："从那时起，我便立志终身都要帮助那些遭受诬告的人。谷仓与交通标志的实验结果的说服力显然还不够。更何况当时正流行恢复记忆的心理疗法，每个人都相信记忆会受压抑。我知道我不仅得证明记忆会受扭曲，更要证明我们可以把全然虚构的记忆植入大脑，让记忆无中生有。"洛夫特斯露出了得意的神情。

洛夫特斯拥有斯坦福大学博士学位，是位数学奇才，对流行趋势了如指掌，深知如何迎合时下潮流，让他人接受其信念。然而她的想法未必都是好的。她也许和我们并没有分别，也会放大记忆中美好的部分。聪明一世，糊涂一时，是常人的通病。

1990 年，洛夫特斯为富兰克林案出庭作证，尽管当时一般人普遍认为艾琳是因记忆受到压抑，多年后才回想起当时所见，但洛夫特斯却认为这些回忆未必可信。在此之前不久，巴斯（Ellen Bass）与戴维斯（Laura Davis）合撰的《勇气可嘉的女人》（*The Courage To Heal: A Guide for Women Survivors of Child Sexual Abuse*），一出版就引起轰动。书中提到："你如果觉得受到了侵害，就表示你的确受到过侵害！"

洛夫特斯对这种观点相当不以为然。还有许多心理治疗师鼓励经历过创伤的病人“恣意想象，解放受压抑的记忆”。性侵害的相关法规也逐步修改，原先规定的法律追溯期为事发后5年内，后改为记忆恢复起5年内，皆可提出诉讼。换言之，只要子女接受心理治疗后想起什么，即使父母年事已高，也得面临法律诉讼。洛夫特斯说：“这些指控可能是恶意栽赃，而且联邦调查局的探员也找不出任何真凭实据。”

许多父母看到洛夫特斯在法庭上为富兰克林辩护，便纷纷写信来求助。许多父母遭子女控诉施暴，尽管内容相当粗糙，情节离奇地让人难以置信，但让这些家庭支离破碎，让这些坚称自己无辜的父母心力交瘁。洛夫特斯说：“这些人接二连三地来到我家，我的电话费暴增，一个月几百美元。但我知道，除非我提出科学证据来证明心灵不仅会扭曲记忆，而且也可以无中生有，否则我帮不上忙。”

“我想以实验来证明这种可能，但该怎么做呢？怎么做都会涉及伦理道德。一扯上研究伦理，怎么做都不对，任何信息都得不到。你只是找人进行心理实验，不管影响多小，就算完全无害，都会被夸大渲染，就好像医生明知病人感染了梅毒，却不加以治疗。”她边笑边说：“最好的办法是植入受到性侵害的记忆，但这样做不道德。我反复思索，怎么才能让被试感受深刻，却不会造成伤害呢？我想了很久，想过许多不同的情境。”

我问：“比如说？”她说：“拜托，我现在哪儿还想得起来！”最后她终于想到了办法，这样既能植入虚假记忆，又不违背研究伦理。洛夫特斯和学生想到“在购物中心迷路”的情境，也许这个情境最贴近美国民众的生活经验。

你也曾在购物中心与家人走失过吗

这项实验分成许多阶段。正式实验前，洛夫特斯要求学生在感恩节假期中，设法让兄弟姐妹产生假记忆，并将对话过程进行录音，返校后将录音带交给她。这部分虽然是正式实验前的预试，但已为虚构的情节如何扭曲实际的记忆提供了充分的实证。正式实验时，洛夫特斯在助理皮克雷尔（Jacqueline Pickrell）的协助下，找来 24 个人参与实验。

洛夫特斯为每位被试准备了一本手册，内容包括四则被试幼时经历的事件，其中三则真实经历由他们的家人提供，一则在购物中心迷路的经历，则是洛夫特斯杜撰的。被试的家人协助为四段经历分别写下长短相近的一段叙述。被试来到实验室，阅读手册记载的个人经历，并依据自己的记忆，写出相关细节，如果不记得有此事，只需写下“我不记得了”。

结果让洛夫特斯颇感讶异。不只是统计数据惊人，还有伴随着虚假记忆而来的细节描述。她说：“我很意外，这些人对无中生有的事情侃侃而谈，还深信不疑。”她的语气丝毫不见惊讶，倒有几分兴奋。也许是因为她已经拨开层层迷雾，看清了谎言的源头。

以预试为例，有位学生吉姆告诉弟弟克里斯，说他 5 岁时曾在购物中心迷路。克里斯信以为真，稍后复述此事时，自行加入许多细节及情感描述。两天之后，克里斯说：“我那时好怕再也见不到家人了，我发现事情不对劲。”第三天，克里斯“想起”他和母亲的对话：“我记得妈妈跟我说，以后别再这样了！”几星期后，对此深信不疑的克里斯来到实验室。吉姆给的一点点暗示，宛如温室里的种子，成长迅速，甚至开花结果了。但这些“真实”记忆纯属虚构，充其量是逼真的塑胶珍珠。“我先是和你们在一起，过一会儿我跑去玩具反斗城看玩具，就和你们走散了。我一直找你们，边找边想‘完了，现在怎么办?’我还以为……再也见不到你们了。我真的很害怕。后来有个穿着蓝色外套的老人走过来，他有点老，头有点秃，有一小撮灰发，戴着眼镜……”凭空捏造出这么多细节，实在令人啧啧称奇！

显然人心厌恶空虚，无法坦然面对空白，所以就设法填满一切。洛夫特斯的实验揭露了一个又一个捏造记忆的实例。在另一次预试中，一名亚裔女孩谈到自己在超市迷路，四处乱跑，急着想找到祖母。她巨细靡遗地描述超市里的情景，货架上毛巾的柔软触感、卖场灯光的强烈刺眼、突然高起的走道让她站也站不稳。在正式实验中，25%的被试会突然想起自己曾在购物中心迷过路，后来知道这一切纯属虚构，他们都感到相当讶异，甚至是震惊。

著名的精神病医生赫尔曼（Judith Herman）说："‘在购物中心迷路’的实验很有意思。洛夫特斯认为她证实了人类的记忆不可靠，可是我们看看实验结果就知道，75%的被试并未捏造记忆，他们的记忆真实可靠！洛夫特斯想用实验结果说服我们，却适得其反。”另一位专攻创伤治疗的精神病医生范德库克（Bessel van der Kolk）更直截了当。他说："我讨厌洛夫特斯，光听到她的名字就受不了。”

洛夫特斯自知在某些领域不受欢迎，但她不在乎。也许是因为她对科学的热情，所以不怕打压排挤；也可能是善于自我推销的她知道，宁可声名狼藉，也不能默默无闻。当我对她提到赫尔曼的评论，即75%的人并未捏造记忆，这似乎意味着多数人所言属实，她对此嗤之以鼻。她说："25%已经是很重要的少数了。此外，‘购物中心迷路’的实验也成为其他记忆实验的根据。有些实验发现被试捏造记忆的比例达到50%，甚至更高。”

洛夫特斯接着跟我谈起其他实验："不可能的记忆”实验，诱导被试相信自己回想起刚出生的情景；另有实验诱导被试“想起”婚礼上有把酒洒出来的糗事，被试描述自己身穿白色礼服，水晶酒杯从手中滑落，粉红色的污渍逐渐晕开，还责怪自己不小心。洛夫特斯说：“美国最擅长植入记忆的人，首推波特（Steve Porter），他之前在英属哥伦比亚大学任教，你该去见见她。”继“购物中心迷路”的实验后，波特让将近50% 的被试相信自己儿时曾遭凶恶动物的攻击。洛夫特斯说：“那当然也是假的。”

让臭鸡蛋来得更猛烈些吧

1993 年洛夫特斯在《美国心理学家》上发表其实验结果。当时美国国内一片升平和乐，世界各地的藩篱陆续消失，戈尔巴乔夫宣布苏联解体，柏林墙拆除。许多美国人正努力找出内心的铁幕，拼凑破碎的自我，使其恢复完整单纯。我们想要完整统一的世界，表里如一的自我不想再有任何隐藏伪装。当年美国小姐的告白堪称代表。她面对镜头宣告，自己已摆脱寒冷阴森的过往，将那些不堪的记忆一一释放，让她成为表里如一的人。“我过着两种截然不同的生活，白天的我欢笑愉悦，到了夜里，我蜷缩在床上难以入眠，任凭父亲摆布。”美国小姐接受治疗，恢复记忆，找回了完整的自我。

美国女星罗森安妮·巴尔（Roseanne Barr）也是。她在接受《人物》（*People*）杂志采访时，卸下了沉重的伪装，她承认：“我是乱伦受害者。”巴尔表示她有多重人格，尽管有那么多人共存在她脑中，但彼此还能相安无事，这些人格以女性居多，也有男性，时而欢愉，时而惊恐。恢复记忆的观点蔚然成风，《时代周刊》、《新闻周刊》都加以报道，斯迈利（Jane Smiley）还以此为主题写了小说《一千英亩》（*A Thousand Acres*），并赢得了普利策奖。

当时社会一方面义愤填膺，谴责加害者，一方面对受害者百般包容，全盘相信，为其疗伤止痛。洛夫特斯在这种时代背景下发表了研究结果。她力排众议，指出许多人可能受他人暗示，误信谎言。谁敢保证这些所谓的受害者有没有受到治疗师的暗示？倘若治疗师有意引导，提供臆测，则他们记忆的真实性更有待商榷。不久之后，洛夫特斯便公开表示，许多受害者捏造不实的陈述，就像她实验中的被试，他们的说辞都不足采信。

她更质疑弗洛伊德记忆受压抑的说法。洛夫特斯认为，没有确切证据能证实压抑这种心理机制确实存在，她更进而推断，压抑记忆的案例日益增加其实反映了些许掺杂事实的幻想。洛夫特斯说："真相有两种，捏造幻想的真相与千真万确的真相。我们为确实发生的真相添油加醋，只要用心检视这些叙述，我们不难找出破绽。有时候连我们自己也会搞混，分不清哪些是真的，哪些是捏造的。"但为什么有人要捏造这种骇人的故事呢？洛夫特斯说："事实有时候很微妙，言语无法形容。也许这些伤痛看似寻常，但当事人却刻骨铭心，找不到合适的语言来描述，所以才添枝加叶。也可能是当事人已经完全融入了自编的故事，且从中找到了自我的定位：受害者。"

当所有人都只关注受害者，又都深信否认创伤记忆会导致毁灭的时候，多数人都不会想挑战主流观点。提出质疑需要极大的勇气，洛夫特斯肯定有此胆量。达尔文曾因畏惧教会的惩处而迟迟没有发表进化论；许多学者批评弗洛伊德顾虑当时保守的社会风气，而未能坚持最初对歇斯底里成因的解释。洛夫特斯从不在意这些因素，她说："我迫不及待要将自己的想法公之于世。"

洛夫特斯说："实验结果发表后，不少人以最卑鄙下流的手段对待我。我甚至得请保镖护驾，有人威胁要控告邀请我演讲的单位，有人投诉到华盛顿州州长，临床心理学系的学生在我路过时会发出嘘声。我和我的学生受到许多威胁。不过，你知道吗？至少我们敢畅所欲言。”

洛夫特斯经常只戴一边耳环，因为另一只耳朵每天总要接触电话听筒好几个小时。她睡得很少，就连睡觉都会梦到工作。她满脑子都是统计数据，往来于美国各地，不需看稿就能上台演讲。她全心专注于工作，随时精力充沛，外界的批评完全阻止不了她。几年前有位妇女在机场辱骂她是妓女，她住的房子不时遭人丢掷鸡蛋，干掉的蛋黄黏在门窗玻璃上，挡住了窗外风景。

洛夫特斯依然毫不畏惧，她在短时间内树敌众多，却也赢得了支持与名声。遭受指控的父母来函道谢，经历创伤的幸存者来信痛骂，信件堆满了她的办公室。洛夫特斯继续研究。她开始思索，既然能将虚构的受创记忆植入被试的印象，杜撰的犯罪记忆是否也能如法炮制呢？在检验这项假设的实验还未设计完成的时候，就发生了一件众所瞩目的案件。

可怕的记忆，它就像迫害女巫

华盛顿州奥林匹亚市，树木终年青翠，田野一望无际。41 岁的基督徒保罗和两个女儿住在这里。有一天，保罗的女儿突然想起，某次宗教静修期间，父亲心生邪念，两人惨遭父亲侵害。保罗在狭窄的房间里接受讯问，长达数小时之久，警员一再逼问：“一定是你，对吧？”警员边问边靠近，保罗几乎可以清楚感受到他说话时的呼吸。保罗只是个平凡的中年男子，怎堪如此严词威吓。警员又不断对他说：“你一定做过，你女儿是不会说谎的。”一连几天不能睡觉，以咖啡提神，连番的讯问。

保罗努力苦撑，手紧抓着桌沿，大声呼喊："上帝，慈悲的上帝，请帮助我！"几天来的冗长讯问和警官绘声绘色的述说，终于让保罗说出，他想起来了。一开始他还语带迟疑，口中还念念有词："上帝，亲爱的上帝！"接着他说，他的记忆开始恢复了。就在侦讯室里，保罗首度承认强暴了两个女儿。他一开口，就停不下来了，还提到自己参与邪教长达十多年。想象突然化为事实，仪式过程都历历在目。他边讲边哭，最后判刑入狱。

洛夫特斯得知保罗的案件及其接受讯问的情形后，觉得事有蹊跷，应该深入探究。于是她联络友人，加州大学伯克利分校社会学家与教派研究专家奥夫希（Richard Ofshe）。奥夫希曾去监狱探视过保罗，他和洛夫特斯都是研究暗示的专家，都努力揭露过许多看似真实的虚假事件。奥夫希告诉保罗，他的儿子和女儿指控，曾被迫在他面前性交。保罗瞪大眼睛，说："我对这件事没有印象。"他一开始就这么说。奥夫希说："试着回想看看，想想那件事发生的时候。"他叫保罗回牢房。奥夫希随即离开。

两天后，奥夫希再度前来探视保罗。到此为止，整个过程都和洛夫特斯"购物中心迷路"的实验情境如出一辙：先给予暗示，等候一两天。此时保罗已经根据奥夫希捏造的事件写出了一整篇自白。保罗不仅承认曾强迫儿女当着他的面性交，连房间颜色、又兴奋又害怕的心情等细节都进行了详尽描述。奥夫希与洛夫特斯在法庭上提出这些例证，质疑保罗曾遭人误导，才承认犯下这些罪行。他太容易受影响，所以什么事都招认。事实上，他们后来告诉保罗，奥夫希所言纯属虚构，保罗也推翻了先前信以为真的记忆，但为时晚矣，他已经在狱中度过了多年，只因为想象力太丰富。

洛夫特斯从保罗的案件中得知，人类无中生有的倾向相当强烈且影响广泛，甚至可以凌驾于自我保护的本能之上。我们捏造故事不全是为了帮自己洗脱罪名，而是一种必然的反应或是难以抗拒的欲望让我们不计代价地这样做。我们渴望获得社会认可，所以采取某种说法，甚至不在乎自己是否会因此成为罪人。

洛夫特斯睡得越来越少。她的论点逐渐完备成形，证据益发充分。她在一篇文章中写道："只要一点儿暗示，便可创造出虚假的记忆，这些暗示可能来自你所信赖的家人，也可能是他人的谎言，或是你的心理医生…… 我们可以植入虚假的记忆，却无法断定这段受性侵害的儿时记忆是否属实。记忆可以轻易扭曲编造，因此对于自我探索之类的书籍或某些治疗师提出的若干建议，我们应该审慎看待。"这段话实在隐晦难解。不过，洛夫特斯稍后的另一篇文章则更直截了当："我们身处一个诡异危险的世界，排斥异己，无所不用其极，简直是当年迫害女巫的翻版。"

洛夫特斯开始学射击，至今还把射击要领与靶纸贴在书桌前。1996年她接受《今日心理学》（*Psychology Today*）采访时，曾两度落泪。她不改平日的夸张诙谐，畅谈事实与想象间的模糊界限。她是坚持信念还是偏执极端，是情感丰富还是夸张做作，我们很难分辨。洛夫特斯说："这和迫害女巫没有两样。"然而这个比喻并不恰当，不仅没能强调时代背景，更凸显她的紧张不安。洛夫特斯似乎忘了，迫害女巫本质上就是对女性的侵害。记忆还是很重要的。

和洛夫特斯谈话，你能感受到她的豪情壮志，她总是精力充沛、情感热烈。让人不禁想问，这些力量从何而来？尽管洛夫特斯最痛恨他人提及过往，但我还是开口了。

你发生过什么事吗？说来话长！洛夫特斯的父亲是位数学家，她从小不知何谓父爱，但只要是有关数学的，不管是三角形的角度、圆周的长度，甚至是艰深的微积分，父亲都会教她。母亲比较温柔，也较情绪化，常会陷入忧郁。洛夫特斯谈起这些往事时，语调中听不出什么情绪起伏。她说："我现在对这些事没什么感觉了。不过时间地点如果对了，我也许会哭出来吧！"我有点怀疑她所说的话，她看起来没那么脆弱，不像会轻易感伤掉泪，况且她满腹心思都用来研究别人的故事了。

洛夫特斯回想起，有天父亲带她去看表演，开车回家途中，月亮好像钟表高挂天空，时间缓缓流逝，她听见父亲说："你妈妈有点问题，她不会好了。"她父亲说对了。洛夫特斯 14 岁那年夏天，母亲在自家游泳池里溺死。他们发现她时，她脸埋在水中。那时天刚亮，朦胧天色带着些许红光。洛夫特斯还记得当时自己吓呆了，听到救护车的警笛，医护人员把氧气面罩盖在母亲脸上。洛夫特斯说："我很爱她。"我问："是自杀吗？"洛夫特斯说："我父亲认为是。每年我回家过圣诞节，我弟和我都会想到这件事。但没有人知道真相。"她停了一会儿，又说："那不重要。"

我问："什么不重要？"她说："是不是自杀不重要，因为事情总会过去。"除了话筒沙沙作响，我没再听见任何声音。我问："你还在听吗？"她说："噢，我在听。明天我要去芝加哥，有个死刑犯等着我去拯救。我要出庭，有工作真好。"我说："你一直都在工作。"她说："不工作，我不知道该怎么过日子！"

究竟是压抑还是虚构，谁能说得清

洛夫特斯在华盛顿州立大学的办公室里挂了一张她与最高法院法官的合影，旁边有一张黛米·摩尔的照片，不过脸部被贴上了洛夫特斯自己的照片。她说："我想要大腿细一点。"访谈结束前，我不仅知道她穿几号鞋，连她的胸围、罩杯都一清二楚。她不拘小节，平易近人，也许这正是她的魅力所在。放眼当今心理学界，似乎只有她能够纵横学术领域与普罗文化。她上过奥普拉（Oprah Winfrey）、萨莉·拉斐尔（Sally Jesse Raphael）等人的当红谈话节目，她的文章不仅出现在《魅力》（*Glamour*）等时尚杂志上，也刊载于学术期刊《心理学及其本质》（*Psychology and Its Neural Substrates*）上。难怪有人对她如此反感，如记忆受到质疑的受害者。为什么她想在这些领域出名？她的观点对我们有何启示呢？

洛夫特斯不只谈论记忆内容，也探讨记忆是否真实，人类能否拥有纯粹无伪的记忆？她让我们明白，过去犹如繁复多变的织锦，每个人都能挥洒创意，任意拼凑自我形象，不管与现实的落差有多大。她让我们不得不正视存在的深不可测，显然我们并不喜欢这样。**她毫不留情地指出，记忆随时间推移而消磨，难以持久。**严格来说，信息一传到海马，印象就开始消褪了。洛夫特斯让我们全成了老年痴呆症患者，尽管大脑还未萎缩，记忆却已经衰退。

洛夫特斯认为记忆松散易变，并不可靠。这与长久以来深植人心的观点以及精神病学的理念相悖。我们引用弗洛伊德对压抑的解释，他宣称我们能掌握过往的点点滴滴，记忆清楚分明，只要翔实叙述，就可以映照出生命真相。洛夫特斯却说，我们掌握的一半是幽微梦境，一半是虚构故事，全然不可信。她刺中了弗洛伊德的要害。心理学宗师沦落至此，我们无法接受。

于是生理学家彭菲尔德（Wilder Penfield）上场应战，他找出生物学上的证据，支持弗洛伊德压抑记忆的说法。彭菲尔德掀开癫痫患者的头骨，先以带电的探针碰触其脑部组织，此时病人意识清醒。彭菲尔德发现，只要碰触大脑特定区域，似乎就能唤回所有记忆，小孩站在石墙边大哭、对母亲的印象、泛黄的影像，所有记忆鲜明清晰，就在我们的脑子里。彭菲尔德的发现鲜为人知，但他以带电探针刺激脑部的做法，且主张脑部特定区域可能藏着不为人知的记忆，却对文化影响深远。洛夫特斯对彭菲尔德的评价是："资料显示，只有3%的病人在探针碰触脑部时产生记忆，再者，他们的记忆是确有其事，还是只是梦境的残留都有待商榷。"

"购物中心迷路"的实验获得了惊人的结果，后续也有多项研究成功地证实了可让被试相信虚构的创伤经验，如遭猛兽攻击。洛夫特斯决定挑战记忆受到压抑的理论。她认为许多压抑的记忆不足信，因为我们可能是受自助类书籍或心理治疗师的暗示的误导。她更进而质疑，根本没有压抑这种心理机制或现象。洛夫特斯想："怎么能证明压抑确实存在呢?"要证明太阳是否存在，抬头一望就看到了，阳光照射会让人感觉灼热。但洛夫特斯说："可是我看不见压抑，证明给我看!"没人能做到。

工作中的洛夫特斯

洛夫特斯继续探索。也许压抑作用被压抑封存在某处，也许拨开覆盖其上的尘土就能看见它如何发挥作用。洛夫特斯查看数百篇相关研究，试图证实受害者会一度全然忘记受创的遭遇，把记忆贮存在脑海的某个角落，若干年后受诱导而又浮现。然而她却遍寻不着实际个案，也没有神经科学方面的研究，来发现人脑特定部位能专门贮存受压抑的记忆。她甚至还发现，以往的研究结果都与当时许多受害者恢复记忆的经历完全相反。多数创伤受害者永远不会忘记自己的遭遇。例如，纳粹屠杀的幸存者忘不了集中营里的生活，坠机事件的生还者一再想起飞机坠落的瞬间，即使事故已经过去了数十年，幸存者年事已高，但他们的记忆依然清晰。

洛夫特斯也许是对的，她也引用这些研究印证自己的论点。不过她忽略了一件事：这些创伤经验不同于性侵害的创伤。性侵害受害者往往将创伤隐藏在心中，伪装成若无其事。我抛出这个问题，洛夫特斯回答："如果私密是压抑的要素，为什么性侵害他人的记忆不受压抑？这些都是不可告人的事呀！"

我问："你需要哪些证据，才能相信记忆确实会受到压抑？"她说："很简单，眼见为实。"但这一点儿也不简单。赫尔曼对我说："你自己也研究心理学。你该知道，有许多实例可以证明压抑的存在。"事实上，哈佛大学研究记忆的学者沙克特（Daniel Schachter）也提及，一名40岁男性脑中不断浮现10岁时被一群男孩包围攻击的景象，最初他不胜其扰，后来他终于想起与这事件相关的细节与受性侵害的创伤。一名当时也在场的表亲证实确有此事。所以至少有实例显示压抑记忆确实可能。不过，沙克特也写道："目前还未找到有力的证据能证明，童年长期受虐或侵害的受害者在经历创伤后会立即忘记受虐经验。"

对创伤的记忆，真的刻骨铭心吗

洛夫特斯小时候有写日记的习惯。她日记本的封面是鲜红色的，内页画着淡蓝的格线。她知道母亲有时会翻阅她的日记，于是她想出巧妙的办法来维护隐私。母亲能够接受的事，她就写在日记里，至于不想让人知道的，则写在另一张纸上，用曲别针夹在日记本里。如果她感觉母亲有偷窥的意图时，就把那张纸藏起来。洛夫特斯称之为“可移除的真相”。

洛夫特斯将记忆比喻为可移除的真相，批评者认为她引喻失当，尤其不适用于创伤记忆。范德库克说：“洛夫特斯告诉我们，被试以为自己小时候曾在购物中心迷路，这类经验与创伤记忆无法相提并论。人脑对于创伤记忆，自有完全不同的反应方式。”

风度翩翩的荷兰精神医生范德库克，住在波士顿南区的街道上，那里宛如童话世界，鹅卵石路面，煤气街灯，时间仿佛在此停驻。范德库克相信“身体必定留有印记”，家门前那条街保存着历史的痕迹，人脑也会留下时间的印记。范德库克认为，某人遭遇重大变故后，身心难以承受这些创伤经验，而无法诉诸一般的言语叙述，记忆因此转而贮存在脑部非语言区域，并以若干生理反应表现出来，如肌肉疼痛、莫名的严重焦虑、突如其来的幻觉。意识还来不及反应，生理反应就已消逝无踪。范德库克认为，心理治疗的主要任务便是将这种非语言的生理反应，提升到脑部负责掌管语言反应的部分，这样才能消除创伤的诅咒，用言语来描述创伤，接纳其为人生经验的一部分，与其他事件融合共存。

洛夫特斯则认为，范德库克这番理论缺乏确切证据。洛夫特斯认为范德库克早有预设立场，他引用的证据只是在印证其假设。洛夫特斯甚至表示，就算范德库克对创伤经验的理论成立，也无法证实记忆会受压抑。人们对于引发创伤回忆的暗示，确实可能产生身心反应，如焦虑、肌肉僵硬等。但身体留下害怕的记录，并不等于心灵全然忘记创伤。患有战斗疲劳症（shell shocked）的军人并不会忘记战场上的情景。

赫尔曼认为创伤记忆可信，刺激脑部即可产生反应，若干动物实验结果可以印证。例如，老鼠在高度紧张状态下学会某件事后，它们便很难消除这种行为。洛夫特斯对此解释说：“他们引用这个实验，就表示他们认为人和动物一样，创伤经验的记忆‘不可磨灭’。他们批评我把大学生和创伤受害者相提并论，可是他们却拿老鼠来解释人类。”

洛夫特斯开始广泛涉猎有关创伤记忆的信度（reliability）研究。有项研究就是以目睹士兵扫射校园的儿童为对象。研究者在枪击事件发生后，立即访问若干目击儿童，请他们说出当时身在何地，看到了什么。事发一星期后，这些儿童的记忆有些模糊，也可能受到扭曲，同样的问题得出了不同的回答。例如，一名女孩原先说自己身在运动场内，后来改口说她站在运动场的篱笆外。她的记忆似乎并不深刻，7天之内就发生了混淆。

洛夫特斯的同事研究了挑战者号航天飞机爆炸对民众的冲击。埃默里大学的奈瑟（Ulrich Neisser）在爆炸的隔天访问若干民众，问他们事发当时身在何处，并加以记录。“我当时站在电话亭前”、“我在厨房里煎蛋，收音机放在窗台上”。3年后，奈瑟等人再度对这些受访者提出相同的问题，绝大多数人的回答明显发生了改变。原来在煎蛋的变成在切肉；原来在厨房的变成在海边；原来在电话亭前，摇身一变跑到博物馆里。受访者看到自己当年事故发生时的回答后，都大感讶异，反而认定此时的叙述才是真的。这一现象显示，虚假记忆渗透到被试的内心，改变了他们对真实的感受，在这混乱颠倒的世界里，明明是杜撰的，反而让人觉得是事实。

我们还可以相信什么

挑战者号航天飞机爆炸时，我和姐姐正在塔夫茨大学的学生餐厅里吃着鲔鱼三明治，棕色面包边缘露出些许新鲜生菜。落地窗外，光秃秃的树枝与耀眼的天空形成了强烈对比。我印象中一直都是这样，不过现在我也不确定了。搞不好我其实是在老家客厅里，地上铺着粗呢的地毯，我看着电视画面中航天飞机的尾部冒出浓烟，分为两截。不过，似乎有点不对！那天好像还下着雨吧？搞不好我其实是和爱尔兰男友在酒吧里喝啤酒。

我问洛夫特斯："挑战者号爆炸时，你在哪里?"她说："我一个人在办公室。"我想象她独自待在办公室里，洛夫特斯说："我丈夫离开我是因为我放不下手边的工作。他想过正常生活，希望偶尔度个假，而我却只想坐在电脑前想事情。"

生活中的洛夫特斯

洛夫特斯没有丈夫，也没有子女，这让她深感遗憾。她说："我们开始尝试，但为时已晚。那时我已经36岁了，每次看到月经来潮，失落感就更深一层。"我想象她独自在办公室和家里的模样。多数时候她都专注于追寻真理。我不禁思索，洛夫特斯如果是男性，她的观点是否也会受到质疑？我倒不认为性别有损其可信度。尽管她在某些方面未能达到社会对女性的期望，但这也不是问题的关键。重点是大势已定后，洛夫特斯似乎无法掌控全局。她似乎茫然无头绪，言辞总不得体，但她的记忆实验的确令人赞佩。

洛夫特斯打电话给我，却挂了电话，随后又很难为情地打电话来说："天啊，我太没礼貌了！"她没多做解释，真怪！她说："我就是想让因为不实记忆而分裂的家庭恢复完整，回到从前其乐融融的状态。"这位失去母亲的女孩，20年后又离了婚，到现在，客厅里还放着前夫的东西。她对我说："我想让一切恢复完整。"但她似乎没有发现，一直以来她所有的尝试努力，都是徒劳无功。某种因素造成了她的分裂矛盾、悬而未决、郁郁寡欢、日益偏颇。她自己历经创伤，却还质疑创伤是否属实。这是她最大的盲点。

不过洛夫特斯的重大贡献不容抹杀。她力排众议，另辟蹊径，带给我们许多不容忽视的重要思想。我问她："什么力量支持着你？如果记忆不可信，我们能相信什么？"陀思妥耶夫斯基认为，我们需要一些美好的记忆，才能在世界上找到信仰。然而要是你在洛夫特斯的世界里待上片刻，你会不知道该将信仰寄托何处。洛夫特斯没有回答，她只说："我前几天写了一封信给我母亲！"她拿给我看。

亲爱的妈妈：

今天是星期天，外头下着雨，天空阴沉沉的。今天醒来，只觉得郁闷。你离开我们已经40年了…… 我想告诉你，过去40年来我所做的一些事。最近我到芝加哥参加了一个研讨会，发表了有关记忆的演讲，主办单位是美国国家司法受害者协会。我遇到26名男性、两名女性，这些人曾被误判死刑，差点冤死狱中，他们拥抱痛哭…… 因为工作的原因，我得以接触到这些饱尝社会不公不义的受难者。

我不做研究，也不上课的时候，就去研究受不实指控的案件。我不敢确定我要帮的这个人究竟是罪有应得，还是遭到误解。但想到这些指控可能是编造的罪名，我就无法置之不理。我一定得帮忙，不应该有片刻的犹豫。

我为什么这么沉迷工作？是想逃避某些痛苦的想法，还是想借工作弥补从前失去的重要事物？我现在忙着工作，没有太多时间去想我失去了什么。我失去了家庭的爱与亲密，这也是我想念你的原因。

永远爱你的女儿

贝丝

最后，洛夫特斯还是没说出什么力量支持着她，不过她倒是说出心中的失落遗憾。最后我们只看到她灵光乍现的远见及全然的痛苦。记忆不可靠，只会不断退化，那我们该相信、依赖什么？或许我们应该效仿洛夫特斯，堆叠过往的记忆，站上顶端，这样就能触及某个目标。

第9章

想忘忘不掉

坎德尔的海蜗牛实验

20世纪80年代，洛夫特斯根据“事实”，断定没有一种神经反应机制可以产生压抑记忆的作用。哥伦比亚大学医学教授坎德尔（Eric Kandel）则不认同洛夫特斯的观点。他进行了多项实验，为沉寂多时的弗洛伊德心理分析论带来了一番新气象。

坎德尔1929年11月7日出生于奥地利的维也纳，“二战”期间随家人移居美国。坎德尔原本打算专攻心理分析，尽管后来醉心于人脑生理的研究，但仍使心理分析荣景再现，引起了心理学界的热烈思辨。

坎德尔进行了一系列实验，找出记忆运作的模式，了解到脑部细胞错综复杂的机制。这位耄耋老人至今依然活跃在心理学界，他也是本书介绍的心理学家中最为年长的一位。他采取最新颖的研究方法，率先探究最不为人知的领域，为心理学指出了未来走向。他倡议寻求最简便可行的方式，来研究复杂神秘的人类心智。

1953年，手术这天天气炎热，晴空万里，阳光普照哈特福德市。年轻的亨利患有严重的癫痫，频频发作，生活几乎停顿。他如果不是在癫痫发作中煎熬，就是在回想尚未发病前的生活：那时他双手稳定有力，还能到森林里射击打猎。亨利病情的严重程度使他的家人都难以置信。他发病口吐白沫时，家人总要很使劲才能抓得住他。吃药、运动、祷告都没用。后来哈特佛医院的斯科维尔医生（Dr. Scoville）建议这家人参与一项医疗实验。他们答应了。

亨利一家人不认识斯科维尔医生，也不知道他热衷于前脑叶白质切除术（lobotomy），他曾带着截断脑叶的工具前往附近多所精神病院，总共为300多名病人进行了这项手术。斯科维尔外貌俊俏，斯文有礼，想必这家人都感受到了。但他们不知道这位即将为亨利动手术的医生有时候相当胆大妄为。空闲时他喜欢开着红色跑车，在康涅狄格州的宽阔公路上超速急驰，后头还有警车穷追不舍。他出手阔绰，曾跳上行驶中的雪佛兰轿车并攀附在车门边的踏脚板上向女友求婚。“他是个发明家，永不满足现状。他外表看似胆大妄为、贪得无厌，其实他一直在寻找更好的做事方式。”这是一位同事对他的描述。

亨利就要把大脑交给这样的人动手术。斯科维尔心中另有打算，但亨利却一无所知。他认为亨利的癫痫频频发作可能是大脑颞叶深层受到刺激，此处即海马[①]，一般认为这是脑部的即时反应区，只需片刻，零星火花就能引发燎原大火。斯科维尔建议亨利割除海马，并表示他之前为若干癫痫病人实行过同样的手术，术后都未再发作。斯科维尔只告诉了亨利手术的疗效，但没有告诉他，先前接受手术者都是重度精神病人，这项手术对正常人会造成什么样的伤害还不得而知。

粉灰色形似海马的物体

当时，学界对脑部的了解还相当有限。有位精神病医生发现，精神病人乘坐颠簸的火车时会平静下来，于是他尝试摇晃病人，并逐渐将时间拉长，以此治疗精神病。有些医生相信，疟疾可治愈精神分裂症。1929 年，知名心理学家拉什利（Karl Lashley）移除活鼠脑部的不同区域，发现其记忆似乎不受影响。他因而认为，脑部并没有掌管记忆的专区，整个大脑皮层均具有记忆的功能。斯科维尔也接受这种说法。

斯科维尔根据这项假设，毫不迟疑地决定移除亨利的海马。手术室很冷，亨利意识清楚地躺在手术台上。因为脑部没有神经，所以手术进行时病人意识清醒，只有头皮局部麻醉。麻醉剂从针头涌出，注入亨利的头皮。斯科维尔走近手术台，拿起手术器具，在亨利眼睛上方钻了两个洞，再将细小的手术刀伸入洞里，探触到亨利的大脑，掀起前额叶。亨利可以感受到手术的每个步骤。

手术室很安静，偶尔听见斯科维尔叫护士递送用品。此外，一片

① 大脑灰度伸展于侧脑室颞角底部全长的弯曲形隆突，学界通常称为“海马”。

寂静。

斯科维尔注视着亨利，仿佛看到了头盖骨下的大脑，珊瑚礁般粉灰色的大脑皮层包覆在脑膜里，无数细胞成簇聚集，形成宛如风信子的角锥体，里头满是微小的神经元。斯科维尔将一根银色导管缓缓插入，深入亨利的大脑。还在规律振动的脑部，两侧各有一个粉灰色形似海马的物体，斯科维尔将这两块组织吸出，整个海马就此移除。此时，他大脑内部出现两个边缘参差不齐的空缺，那里曾经是海马的所在。

斯科维尔摘除海马时，亨利的意识很清醒，反应还很灵活，不知他有什么感觉。当时还没人知道，海马是人脑储存记忆的主要场所。导管一吸，亨利是否也感觉到记忆随之远去？他是否发现自己已进入遗忘的国度？是突然一阵寒意笼罩全身，还是逐渐滑入无底深渊？喜怒哀乐、甜蜜温存、伤痛心酸，一切化为乌有。

手术过后，亨利癫痫发作次数明显减少，但记性也越来越差，几乎完全记不住事情。护士刚把名字告诉亨利，随后离开几分钟，亨利就不记得对方了。他认得自己的母亲，但手术之后才认识的人、知道的事，没多久就忘光了。50年后，亨利还是这样。他年事已高，目前住在麻省理工学院附近的安养中心。他母亲于1960年去世，但亨利每次听到别人提起这件事，他都以为母亲刚去世，一再失声痛哭。他一直认为美国总统还是杜鲁门，他没办法和安养中心里的人交朋友，因为他记不住对方的长相或声音，也无从获得情感慰藉。相关医学文献中，亨利被简称为H. M.，他的遭遇令人同情，却爱莫能助。

手术后几周，亨利心智错乱的情况仍未改善，斯科维尔医生这才发现，他的确移除了引起癫痫发作的源头，但也在无意中截断了记忆的源头。他应该感到些许内疚，然而手术结果在科学上的意义更让他有兴趣。这项胆大妄为的手术指出，拉什利错了，大错特错！尽管当代科学家也认同，脑部各处皆能进行记忆，但海马显然是记忆的宝库，没有海马，亨利只能活在无所依靠的当下。尽管斯科维尔怀有雄心壮志，但实验结果却如此难堪，不过他还是将结果公之于世。斯科维尔碰触到的既非抽象的心理作用，也非迷离虚构的内容，而是承载记忆的实体组织。记忆在海马里，在大脑皮层下，在斯科维尔的金属导管中。

记不得自己的相貌，但还会骑车

米尔纳也许是世界上最了解亨利的人。她和我谈起了亨利的案例。1957 年，斯科维尔发表了手术结果，手术过程让米尔纳惊骇万分，不禁想亲眼一探究竟。米尔纳当时追随知名外科医生彭菲尔德研究记忆。彭菲尔德以电极刺激癫痫病人脑部的不同区域，逐一观察是否产生触觉、嗅觉、视觉，从中归纳出哪些部位掌管哪种知觉。

米尔纳也许有意自立门户，也许她已厌倦了繁琐的纸上作业。据她说，她一听到亨利的案例后，便顺手抓了一叠记忆测验，搭第一班火车前往哈特佛。她看过许多记忆丧失的病人，但亨利则是研究失忆症的最佳对象。

米尔纳想知道亨利失去了哪些心智能力，不过她更想知道亨利还剩下哪些能力。例如，亨利记不得五分钟前的对话，但他还会走路，这也算是某种形态的记忆。亨利早上起床后，不会主动去刷牙，但只要把牙刷塞给他，他自然而然就会动手刷牙。这种情况很像陶醉在音乐中的演奏家，无须思索，旋律就从指尖流淌而出，手指仿佛自有意志和思想。

米尔纳针对亨利进行了多年的测试与观察。她以亨利为证，提出了若干有关记忆的重要观点。海马显然贮藏了个人经历的重要细节，甚至可称之为意识的核心（the core of consciousness）。但脑部另有一个记忆系统，米尔纳称之为程序记忆（procedural memory）或潜意识记忆（unconscious memory）。即使我们想不起对方的名字或长相，但依然知道怎么骑自行车，怎么抽烟。亨利说不出自己几岁，也不认得镜子里的人就是自己，但如果带他回老家哈特佛市，他可以在巷道间来回穿梭，不一会儿就找到了以前的住所。这些他都记得，但却说不出所以然。亨利的案例证实，人脑神经中枢的确存在着弗洛伊德所谓的潜意识反应。但神经元是如何运作的，我们还不得而知。

米尔纳提出的记忆理论并非直接来自观察神经元对记忆的影响，而是来自间接地观察亨利的记忆反应，并加以归纳推论的结果。米尔纳根据长期追踪亨利的研究结果，得知记忆至少分为两个层面。此后有关记忆的研究也多以其研究结果为基础，陆续找出脑部其他类型的记忆系统。另有学者甚至认为，不同类别的记忆各自储存在不同的记忆区块里。水果的记忆由某条神经主管，蔬菜的记忆由另一条神经主管，猫的记忆在这里，狗的记忆在那里。由此看来，我们的世界似乎全都压缩在大脑皮层里。

黏腻的海蜗牛和我们一样学习

坎德尔从不避讳自己喜欢化繁为简，将复杂的现象转化为简单的描述。他认为要了解记忆的奥秘，必须先知道细胞如何传递信息。坎德尔原先专攻心理分析，但他在医学院四年级听到亨利的案例后，大为震撼，因而决定转赴马里兰州贝塞斯达的美国国家卫生研究院（National

Institute of Health，NIH）攻读博士学位。当时他观察并记录猫的海马细胞的状况。72 岁的坎德尔表示："我蛮适合从事研究工作，我不知道这方面的天分从哪儿来的！"

坎德尔生于维也纳，父亲是玩具工厂的负责人，他童年的生活相当优渥。1938 年，希特勒出兵攻占维也纳，情势瞬间改变。坎德尔曾经历"水晶之夜"事件（Kristellnacht）①，他还记得当时满地玻璃碎片，后来德军甚至强迫犹太人拿牙刷把马路刷干净。

这次事件对坎德尔决定终身致力于细胞与记忆的研究有何影响？坎德尔说："有时候我会觉得自己仍在逃避这起事件。我可以不带任何感情地告诉你我发生的每一件事。我很幸运，虽然被送进集中营，但现在仍能在这里跟你谈这件事，而且心里丝毫不觉得害怕。"

1939 年，坎德尔举家移民美国，定居纽约。在 130 多公里外的康涅狄格州，住着与他年纪相仿的亨利，两人的童年却极不相同。坎德尔相当聪明，后来进入哈佛大学就读。尽管幼时遭受创伤，但这没有影响他的心智发展，他不断吸收新知识。此时亨利癫痫开始发作，还因此辍学。亨利和坎德尔素昧平生，但两人的生命也许曾在某个时空中交错，那是人类心灵或肉体所不及的境界。

大学期间，坎德尔醉心于精神分析，但进入医学院后，神经科学让他转移了目标。坎德尔说："精神分析与神经学竟然如此契合，这是我想都没想过的事。弗洛伊德毕竟也是神经学的专家。精神分析着重于记忆，而我则试图解释记忆的运作机制。我认为一定可以找到神经学上的证据，印证精神分析的各项论点。"

---

① 1938 年德国发生犹太难民刺杀外交人员的事件，德国政府遂对奥地利境内的犹太民众展开报复行为。此事件是德国政府首度公开袭击犹太人。——译者注

坎德尔外表迷人，系着鲜红的领结，穿着背带裤。将精神分析与神经学这两个独立领域相互结合是他的兴趣，而非首要目标。他最重要的职业是从 40 多年前进入美国国家卫生研究院的实验室开始的。他致力于研究海马的神经细胞，试图找出记忆的生理学基础。这项任务并不简单，因为海马包含数百万个神经元。坎德尔要耗费数年才能彻底了解整个精细复杂的结构。他势必得另辟蹊径。“20 世纪五六十年代，许多生物学家、心理学家普遍认为，要研究人类学习行为，不能依赖简化的动物实验。但我认为这种顾虑是多余的。凡是神经系统会随经验增长的生物,学习形态大同小异,必能从细胞与分子的作用分析出学习的基本形态。所以即使是只针对无脊椎动物进行的研究，其结果也能有效适用于其他动物。”

系着红领结的坎德尔

坎德尔秉持此一信念，寻找适合研究的动物，最后选择了海蜗牛。海蜗牛体型略大于一般蜗牛，只有两万多个神经元，大部分以肉眼即可看见。坎德尔说，海蜗牛不仅容易研究，而且其神经系统与人类相同。坎德尔说:“要了解极端复杂的心灵，需要高度简化的研究方法。”看着海蜗牛略带紫色的黏腻躯体，他决定以海蜗牛为研究对象。

坎德尔的做法如下。海蜗牛会从腹足的黏液腺分泌黏液，对其施以电击，腺体开口就会收缩。坎德尔和同事随即发现，可以通过习惯化（habituation）、敏感化（sensitization）、经典条件反射这三种学习方式，改变海蜗牛的这种生理反射。早在20世纪初，斯金纳和巴甫洛夫便发表过类似的结果，当时泛称为“学习理论”，20世纪末，坎德尔称之为“记忆”。同样的问题，不同的包装。同样的观点，不同的呈现方式，世人的观感与理解也不同。

比起斯金纳的鸽子实验和米尔纳对亨利的观察，坎德尔的研究更有突破性。他观察到海蜗牛学习记忆新事物时，神经元产生了何种变化。那么神经元在记忆形成时有什么变化呢？自18世纪以来，科学家们各有推论，但都苦无实证。1894年，西班牙科学家拉蒙卡（Santiago Ramony Cajal）主张神经元在学习过程会发展出新的连结，记忆就储存在此。神经学家福布斯（Alexander Forbes）则认为记忆储存在可由自体随意引发的神经元连结中，近代研究记忆的学者赫布（Donald Hebb）也支持这个论点。但这些都只是理论。坎德尔之前，未曾有人找出具体事例来印证这些推论。

坎德尔与海蜗牛

坎德尔训练海蜗牛，并加以观察测量。海蜗牛一经触碰，黏液腺口就会收缩，他用放大镜和摄影机观察此时海蜗牛的神经元有何变化。他发现海蜗牛的神经元受到电击后，会释放出神经传导物质，通过突触彼此传递，在强化刺激与反应的连结过程中，神经元的连结也更为紧密。他分别观察了“感觉”和“动作”的神经元，都发现同样的结果：行为定型时，神经元间的脉冲反应也变强了。

用进废退的说法果然没错。每次练习一项任务，就等于在脑部重现执行此项任务所需的神经元网络。反复演练，再三提醒自己，特定的神经突触之间的电化物质交流就越顺畅，连结就越强。人脑相当现实，有关联才有反应，在最常走的路径上往来最为顺畅。

短期记忆像一见钟情，长期记忆像婚姻

坎德尔提出的理论说明了记忆运作过程中的细胞反应，但也许是亨利的情况让他还想知道大脑是如何把短期记忆转化为长期记忆的。亨利即使在切除了海马后，依然认得母亲的面容，这说明记忆存在此处，由此传送到他处，进入位于大脑皮层的长期记忆储存区。亨利对母亲面貌的记忆早在手术前已连结至海马，而且储存在某个手术刀所不及之处。

我们每天都会接收到大量的信息，如影像、声音、情绪、人际沟通等。如果全数保留，我们马上就会被记忆所淹没。因此，我们通常只保留概略印象。例如，我印象中的爷爷家，可以闻得到雪杉的香气。每年冬天，天空都是白茫茫一片。不论真实与否，想到过去，我脑中自然而然浮现出这些事物。

问题来了。这些记忆必须经过哪些步骤，才能从暂时留存的反应写入海马，再送往他处储存，并让我此刻写作时可以回想起来？坎德尔认为必定有种机制可以让记忆由短期转为长期，而他照例采取了简化一切

的做法，这次他只用了海蜗牛的一小部分。他挖出海蜗牛的脑核，取出两个神经元泡在溶液里。

坎德尔操弄这两个神经元，使其彼此“对话”，一号神经元长出神经突触，连结二号神经元，这是记忆的最基本形态。神经元内部含有一种“反应结合蛋白”（cAMP-response element binding protein，CREB）物质。坎德尔将一号神经元中的反应结合蛋白隔离，切断神经元间的对话。缺少反应结合蛋白，神经元就不会进行与长期记忆相关的活动了，如蛋白质合成、长出新突触。

CREB 究竟是什么？它是一种积聚在脑细胞中的分子，作用在于刺激特定基因，制造蛋白质，强化细胞彼此的连结。简言之，CREB 就像细胞自有的强力胶，回忆就长期固定在细胞传导路径上。没有 CREB，记忆还是能维持一段时间，但相当短暂，就像只听过一遍的电话号码，很难记住。我们也可以说，短期记忆像一见钟情，突然迸出火花，转瞬间又消逝无踪；长期记忆比较像婚姻，彼此牵系，甚至是相互羁绊，不会再有新的想法。

CREB 的发现堪称心理学上的一大盛事。它让各界学者首度了解永久记忆是如何形成的。这也意味着人类心灵或许可任人摆布。当年 42 岁的基因科学家特利（Tim Tully）得知坎德尔发现 CREB 后，相当振奋。特利曾经改造过果蝇的基因，使其大量分泌 CREB，因此造就了昆虫界的天才：记性绝佳的果蝇。一般果蝇不管学什么，至少需要训练 10 次才学会。特利的果蝇只需一次训练即可。几年之后，坎德尔培养出用 CREB 强化改良的海蜗牛。这些蜗牛竟然记得起周遭贝壳的螺旋花纹、珊瑚礁的颜色、笼子角落的食物，这实在令人难以置信。

坎德尔不只发现了 CREB，他也找到了抑制它的分子，它能让老鼠忘记刚刚学会的事。这项发现寓意深远，坎德尔也认识到了。1997 年，他与哈佛大学分子生物学家吉尔伯特（Walter Gilbert）、大胆的资本家弗莱明（Jonathan Fleming）、神经科学家乌特贝克（Axel Unterbeck）联手创立记忆制药公司（Memory Pharmaceuticals Inc.）。这家公司目前正在研发一种新药，据说会彻底颠覆我们对时间的观点。届时也许每个人都可以像法国文学家普鲁斯特[①]那样，只要一阵气味袭来，不管是来自浓茶、饼干或面包，思绪便由其牵引，飘浮在过去、现在和未来之间。

记得住好，还是记不住好

我不记得这个故事是听别人说的还是我自己写的。总之故事主角是一名决定遗忘一切的女性。她一人独居，房里贴着玫瑰花样的壁纸。她的感情不顺，年纪也大了。一天，她决定忘记房里玫瑰花样的壁纸，接着她要忘记手上拿着的咖啡杯，再下来是忘记拿杯子的那只手，接着是带她行走在孤独世界的双脚。她慢慢忘记自己的每一部分。她坐在厨房里，整个人越变越小，属于她的事物一点一点被移除了。后来，她忘记了自己的长相，只剩下心还在，其他都不见了。最后她连心也忘了。她开始飘浮在空中，没有意识，自由自在，但也完全不是个人了。

这个故事点出记忆对人类的重要性，让我们知道活着究竟是怎么一回事。有记忆才有现在，这种说法我们听了太多遍。忘记过去的人必会陷入永无止境的轮回。人类相当重视回忆，有时甚至沉湎其中，无法自拔。人到哪儿，记忆就跟到哪儿，人脑堆不下了，就储存在电脑里。人活得越久，受失忆症威胁或患老年痴呆症的比率就会越高。如果有更好的筛查设备，我们就可以及早发现患老年痴呆症的迹象，随时注意自己脑波的变化。

---

① 法国作家，著有《追忆似水年华》。他的写作形式独树一帜，以潜意识记忆触动感官，引出无止境的印象记忆，表现生命的纷乱与丰富。——译者注

创立记忆制药公司的坎德尔深知此事。该公司位于新泽西州蒙特维尔市花园大道，距纽约州立精神病学中心约40分钟车程。走进迂回曲折的走道，就看到两旁摆满了老鼠和猫的兽笼，没有头骨覆盖的脑部，吊挂在墙上的透明罐子，新月状的大脑皮层切片浸泡在深色药水中。该公司的目标在于找出某种化合物，可以活化培养皿中从脑部剥下的神经元，然后再植回人脑形成更稳固持久的连结。该公司希望这种药物能强化CREB，让我们能逃脱老化引起的记忆丧失，重拾感官知觉的敏锐。

坎德尔认为，记忆制药公司研发中的药物可望在10年内上市。研发这种药物并非为了治疗老年痴呆症，而是解决战后婴儿潮一代迈入老年后出现记忆衰退的问题，如记不起钥匙放在哪里，或是话到嘴边就是说不出来。实验中的药物叫磷酸二酯酶–4（Phosphodiesterase-4，PDE4），目前PDE4在老鼠实验中效果卓著，即使是年纪相当于人类80岁的老鼠，也能像年轻老鼠一样，穿梭迷宫，来去自如。

坎德尔称之为“红色小药丸”。坎德尔的实验造成了巨大的影响，综观20世纪心理学实验，无人能出其右。

药物虽未上市，但已经引发了诸多道德争辩。坎德尔表示这种药物是为治疗因老化而导致的记忆缺损。然而若干科学家表示，老化导致的记忆缺损早在20岁就开始了，难道我们要鼓励大学生尽早服用这种红色的药丸？也许在准备高考时，他们就该服用这种药丸了。会不会有公司要求员工必须服用这种药物？或是有人觉得必须服用，才能跟得上那些已经服用了这种药物的人？这些都是显而易见的伦理问题。这种药物如果能帮助我们建构、储存记忆，那就等于掀开了覆盖过往的黑布，让过去的点滴都摊晒在阳光下，让我们不由自主地想起许多根本不记得的细节，这些无关紧要却历历在目的细节，会对我们产生什么影响？这种药物原本想让我们更有活力地迎向未来，却反而让我们陷入了巨细靡遗的过去，让我们无法专注于当下。

增强记忆的药物可能导致的问题多不胜数。没有人知道 CREB 的发现对我们的现在与过去有什么影响。就算这种药不会让回忆如洪水般涌上心头，那么有没有可能会让现在的印象太过鲜明，盘踞不去，反而造成更大的困扰？抛去不重要的琐碎细节是人类与生俱来的进化动力，它让我们得以在远古时期形成的平原上进化出高科技的现代社会。

我想知道，有人想过丧失记忆的好处吗？记忆是部庞大喧嚣的机器，既让我们深陷过去，也让我们忧心未来。我们忙于回忆过去，幻想未来。事实上，预想未来也是种记忆，不管我们投射何种期望，都是基于过去的经验，因此我们很少活在当下。也许我们都不了解全然活在当下，不受时间左右是什么感觉。动物也许知道，因此它们似乎比较快乐。申克（David Shenk）的杰作《遗忘》（*The Forgetting*），引述了老年痴呆症患者的叙述："以前我不知道，得这种病竟然能让我感到平静。人生舞台的幕布缓缓放下，生命看起来竟是如此美好。"也许亨利也有类似的感觉吧。对他来说，每一次吃到草莓，都是第一次；每一次看到雪花缓缓从天而降，都是全新的感受；每一次内心的感动，都是全心全意！

没有遗忘，人类将会怎样

坎德尔一定知道拥有太多记忆的危险，人脑也需要适度的遗忘。神经病学文献中有项知名病例，主人公是 S，21 岁时接受了俄国医生卢里亚（A. L. Luria）的治疗。当时 20 岁的 S 记忆力极佳，任何 4 栏数字组成的数列，只要看过一眼，他都能记得住。卢里亚对 S 进行了多年测试，最令人惊讶的是，即使多年之后，S依然记得自己曾经看过哪些数列。他甚至能在20年后，依然记得报纸上哪篇报道印在哪个位置。

然而S却有严重的问题。他无法从阅读中感知意义。他只需6分钟便能看完近千页荷马的长篇巨著《奥德赛》（*The Odyssey*），且能一字不漏地复述出来，但他完全不理解其中的意义。S无法解读对方表情的含义，他专注于对方嘴角的细微运动，却无法判断这个微笑是发自内心的，还是伪装出来的。S认为自己终生都无法解决这类问题，他终日独居，漫无目的，空有绝佳的记忆力。

还有许多人，尽管不像S那样拥有绝佳的记性，但也需要遗忘。他们脑中不断浮现出惨烈的战争场面，或是童年遭受的某些伤害。我们都希望记住事情，但同样也需要遗忘的能力。

坎德尔可能会否认他其实也想研发抑制记忆的药物，事实上，这也是记忆制药公司研发中的药物。坎德尔会辩称他从事这方面的研究纯粹是出于学术上的热爱，只为了感受发现的快感。然而谁知道呢？坎德尔发现CREB时，也发现了作用相反的物质。他发现正常的人脑原本就有遗忘的机制，关键在于一种名为钙调神经磷酸酶（calcineurin）的酵素。1998年坎德尔等人大胆推论，老鼠具有掌管钙调神经磷酸酶分泌的基因，他们发现老鼠的大脑皮层仿佛不沾锅，任何事情都无法久留。

记忆制药公司或其他药厂，能否研发出这样的药物呢？特利已在研发类似的药物，一旦上市，创伤受害者在24小时内服用，就可消除创伤记忆及当天所有记忆。如果有人经历了可怕事件、恐怖袭击、飞机失事、他人恶意攻击等创伤，服用这种药便可有效消除创伤后的心理障碍。消除创伤只需一颗胶囊，里头掺了忘川之水，冥王就是用这水消除死去魂魄的过往。

坎德尔从前在集中营的悲惨遭遇，总像未曾远去的阴魂。由此看来，他应该会对让人遗忘的药物感兴趣。坎德尔预见到这种药物涉及的道德问题了吗？如果再发生屠杀异己的事件，是否就可以让幸存者服用这种药物，消除其记忆，也消除随之而来的谴责？歹徒是否可以先让受害者服下这种药物，以此除去重要的罪证？没错，坎德尔确实考虑到这些事。所以尽管他找出与遗忘有关的分子化学过程，但他和记忆制药公司的CSO（首席问题官）乌特贝克并不积极研发这种药物。

此时坎德尔正将心力投注在回忆录上。我在一个晴朗的春天见到他，阳光透过窗户，照进他的办公室，坎德尔正在整理他的回忆录。他挥舞着一叠纸对我说："你看，这是我的回忆录，我刚开始写，希望来得及完成。"

他把那叠稿子放在茶几上。我们分坐茶几两边，我想拿起稿子瞧瞧，不过我知道这样做很不礼貌。坎德尔的眼光从手稿上移走，望向窗外。他说："集中营与我近在咫尺。我想尽可能将这些记忆宣泄出来。"

坎德尔告诉我，他几个月后要去维也纳。他正在筹划一场座谈会。我以为是和科学有关的，但他说不是。他说："其他的欧洲国家都已面对纳粹屠杀的历史，但奥地利至今仍未坦然面对。我打算举办这场研讨会，帮助奥地利面对过去发生的事。"

我想象他到时候会拿个针筒，里头装满含有CREB的强效药剂，为奥地利这个国家打上一针，让所有混杂纷乱的思绪，全部回到"水晶之夜"事件发生的时候。坎德尔的成就，虽始于极其微小之处，但有着极为庞大复杂的内涵。他一贯采取简化的研究方法，但成就却远远超出各项实验的总合。

红色的小药丸能改变什么

和坎德尔见面几天后，我来到麻省理工学院所在的坎德尔广场，四周有好几家咖啡馆和书店。我在波士顿住了一辈子，却从未到过这里。这里是学术的殿堂，成群的学生紧握手机，快步经过我的身边。我不知道要往哪里去，只是漫无目的地走下去。春天的空气弥漫着淡淡的肥皂香味，闻起来很舒服，木兰花盛开，让我想起坎德尔的红色小药丸。

我想，会不会有一天，我们不仅可以返老还童，而且还可以吃一颗药丸就能长生不老，我们会想要这样吗？可以看到百年后的子孙到底好不好？如果这样，我们是否丧失了某些人类的本质，毕竟生死循环是记忆的开始与终结，也建构了生命的原形。坎德尔带领我们到达了更高的认知层次，但有时我们会发现自己正腾空旋转，毫无立足之地。

此时我看到一位年纪很大的老人，靠在护士身上，沐浴在阳光下。在旁边那栋建筑的斑驳的大门上写了些字，我眯起眼睛，看到上头写着“精神科门诊处”。亨利不就住在那里吗？我知道那位老人不可能是亨利，却不禁这样幻想。我沿着人行道走下去，这位长者眼神呆滞，在双眼之上，我仿佛看见斯科维尔摘除海马后留下的空洞。尽管在这个不断拓展的学术领域中，亨利占有重要地位，但他却不记得自己的遭遇，这似乎是很不划算的交易。当我看到那位老人时，我知道我宁愿拥有记忆，也不要每次都是全新的经验，我不想每次咬下水果，都像第一次品尝，过去的记忆都被脑中的无底洞吞噬，消失无踪了。坎德尔的药片如果真能上市，就让我们一口吞下吧！如果我们活得够久，我们应该能逃脱遗忘的宿命。

但我可以确定没有这样一种药。没有一种科学可以让我们脱离肉体的牵绊，到头来曙光乍现，转瞬熄灭，我们又回到了幽暗的黑洞。

老人和护士开始向建筑物走去。他们打开嵌着深色玻璃的大门。我靠近门口往里看，只看到玻璃上映出我的脸，感觉有点说不出的怪异。也许是玻璃门板的晃动，也许是颜色的关系。我可以清楚地看到自己面容憔悴，脸上坑坑疤疤，眼窝凹陷，额头上有些奇特的斑点，晒斑、痣都清晰可见。也许这些是我脑中老化的神经元的投影。不管我多么努力思考，依然无法让神经元突触不萎缩，只能任由老废的神经元散置在大脑皮层中。

第10章

切割大脑

莫尼斯与20世纪最前卫的心理治疗

今天的精神外科执业医生都会坚持认为，前脑叶白质切除术、脑白质切除术（leucotomy）、扣带回切除术（cingulo-tomy）等手术，绝非是没有根据的摸索性实验。然而就连这些名词是如何定义的，医生们都众说纷纭，更遑论其他饱受质疑的做法了。

前脑叶白质切除术之父是葡萄牙精神病学家和神经外科医生莫尼斯（Antonio Egas Moniz）。他由于发现了前脑叶白质切除术对某些心理疾病的治疗效果而获得了1949年诺贝尔医学奖。他是第一位获得诺贝尔奖的葡萄牙人。

尽管前脑叶白质切除术及衍生的扣带回切除术目前已获得普遍的认可，然而在实际操刀过程中，理论知识与推断臆测的比重其实不相上下。手术过程犹如未知的旅程，只能在幽暗中摸索前进。综观20世纪，实验心理学一再触及重要的道德议题，而精神外科发展百余年来屡次挑战道德尺度，更是引发激烈的辩论，但同时也开拓了重要途径，让后人得以窥得人脑的奥秘。

他的肖像被印在葡萄牙的邮票上。对前脑叶白质切除术之父来说，此等尊荣实至名归。每天都有几千人舔湿他的后脑勺，把他贴在信封上，丢进邮筒。

邮票上的人名叫莫尼斯。他于1874年生于葡萄牙首都里斯本几公里外的小渔村。我们对他母亲了解不多，莫尼斯的父亲家产丰厚，在乡里颇有地位。莫尼斯幼时住在宽大的豪宅中，家里有间礼拜堂，银烛台的烛火从不熄灭。

莫尼斯并未与母亲同住，与父亲同住的时间也很短。青少年时期，他都在邻镇与叔叔阿巴戴德一起度过。阿巴戴德是位神父，总穿着僧袍，一丝不苟。照常理推断，他应该会教导莫尼斯许多宗教教义，然而他却没有这样做。

阿巴戴德对葡萄牙的辉煌历史深感荣耀。他朗读经典文学作品给莫尼斯听，所以莫尼斯还没入学便可背诵多首史诗、翻译拉丁文章。莫尼斯的头脑在叔叔的锻炼下，像刀锋般敏锐。毫无意外地，他上了大学。大四那年，他决定研读医学。那年冬天里斯本很冷，皇宫里的孔雀都冻死了。

莫尼斯患有痛风，所有关节红肿疼痛，他的手指蜷曲，无法伸直。他终生都为痛风所苦，日后他在施行前脑叶白质切除手术时，也需旁人帮忙操刀。他的助理负责关键部位的切除，莫尼斯在旁监督，下达指令。病人意识清醒，躺在手术台上可以听见莫尼斯说："切断神经束，再深入左脑叶。M 太太，你如果感觉不对劲就给我一个手势！好，换边，钻下去。"

前额叶传来的灼热刺痛

不过那是多年以后的事了。19 世纪末，莫尼斯还在科英布拉学院（Coimbra College）就读。尽管饱受痛风之苦，他仍满怀雄心壮志，想在精神病学界留名。痛风的症状缓解后，他收拾行囊前往巴黎，追随马里（Pierre Marie）与德泽林（Jules Dejerine），两人都曾是法国学者沙可的学生。莫尼斯穿梭在巴黎萨尔佩替耶（Salpetriere）综合医院的精神科病房，看见有人口吐白沫、有人晕厥、有人颤抖。形形色色的病人必定让他印象深刻。人类的行为、心神竟如此怪异。

对莫尼斯来说，精神与实体是不能分割的。所以他从一开始便将精神疾病视为有机体的病变，是神经系统的纠结所致。回到葡萄牙后，莫尼斯开始思索怎样才能看见大脑。在头骨的包覆下，这么重要的器官显得遥不可及。如果能看见大脑，也许就能知道哪里出了问题，如肿瘤、血管破裂。

莫尼斯先以染剂与尸体进行实验。早在 17 世纪，科学家如果需要观察极其微小或混乱模糊的物体，便会使用染剂凸显所要观察的部分。这些染剂包括用压碎的番红花制成的红颜料、显现叶脉纹路的硝酸银染剂。但从未有人直接将染剂注入病人的脑内进行观察。莫尼斯最初只想一窥究竟，并没有想过要改造人脑！

莫尼斯发明一种染剂，可由颈部血管直接注入体内。染剂流入脑部，再以 X 光机照射，原先隐藏的血管与脑叶一一现形。莫尼斯的发明可以帮助找出肿瘤或其他病变的位置，发现脑部的病源。不过成功必须付出代价。神经学家瓦伦斯坦因（Elliot Valenstein）说："你想想看，谁敢把溴化物直接注射进活人的颈动脉？有很多人想过，但最后都作罢了。不过莫尼斯不仅抱负远大，而且敢作敢为。"

用尸体实验过后，莫尼斯再从他的病人中挑选出若干人，进行了注射染剂实验。其中一人死亡，只见其脑部影像一片红光，掺杂些许蓝银相间的色块。莫尼斯表示，他对这名病人的死"深感歉疚"。

然而莫尼斯仍然继续为许多病人注射染剂，观察其脑合影像。他将这种方式称为血管造影法（angiography），这种技术日益普遍，至今仍广为应用。血管造影技术已有了显著进步，也成为近代医学相当倚重的诊断方式。莫尼斯进入他人的生命，取走原本不属于他的东西，因而招致诸多抨击，不过他仍具有重要影响。你也许痛恨精神外科之父莫尼斯，但你不可否认，他对我们的脑袋仍有诸多裨益。

我们得先看到一样东西，才会想着去拿到手。莫尼斯也是这样，他先看到大脑，再伸出因痛风而肿胀的手去触碰，进而试图加以改造。20 世纪二三十年代，精神疾病的治疗方法很少，精神病人通常被送入疗养院与世隔绝，任其自生自灭。莫尼斯在神经科执业期间，所接触的病人有超过 1/3 患有精神疾病，他深知精神病人的处境。

当时医生试过许多令人匪夷所思的治疗方法，包括引发低血糖症、冷却疗法、拔掉牙齿、切除结肠、注射疟疾病毒等。与此同时，来自维也纳的弗洛伊德提出了心智运作完全受过往经历影响的理论，这个理论广受各界瞩目。此时莫尼斯则深信，只有从生理层面着手，才能治好精神疾病。精神疾病究竟源于化学物质作用，还是过往经历影响，要用药物治疗还是要借助心理咨询，两派争执不下，由来久矣。对立争辩一再重演，却未必有更深入的见解。

1935 年，61 岁的莫尼斯前往伦敦参加了一场神经医学研讨会。宏伟的会场中，放置了多尊法式石膏半身人像，大理石的地面。现场冠盖云集，各个西装笔挺，佩挂眼镜，前来聆听最新的实验结果。有人谈到烧灼狗的大脑皮层的运动神经束会有什么样的结果，有人宣称已将猴子大脑皮层中掌管听觉的部分实施了切除。

接着轮到耶鲁大学教授雅各布森与生理学家富尔顿（John Fulton）发表研究成果。两人谈到一只性情相当暴躁的母猴贝琪。贝琪喜欢尖叫，随地便溺，一生气就打翻装盛食物饮水的容器。两人设法让贝琪熟睡，然后掀开了它的头盖骨，剪掉连接前脑叶与边缘系统的神经束。当贝琪醒来时，性情大变，变得文静温驯，且智力似乎毫无损伤，能力与其他猴子无异，不管是何原因导致它先前的行为，而此时已全部消失。莫尼斯听到贝琪恢复正常的案例，想到他在葡萄牙的病人，于是他在金碧辉煌的会场中起身大声发问：“为什么不用外科手术来消除人类的精神病状？”

据说，当时在场的人都大感震惊，而且纷纷转身想看看是谁说出了这种话。当时会场鸦雀无声，不知是因为科学也有说不得的禁忌，还是在场多数人也想超越那条禁忌，听到莫尼斯所言，都深表赞同，毫无异议？毕竟这些医生和我们一样清楚科学的发展也是不断探索的，而且一次比一次更引人争议。

前脑叶白质切除术也是从先前许多精神疾病的治疗方法中衍生而来的。尸体解剖曾因宗教禁忌而遭到禁止，但现在已广为接受了，医生可以剖开尸体取出内脏进行研究。动物实验则更为骇人，猪狗的内脏器官散落一地。治疗方式在逐步进化，由外而内，再转移到其他层面。在场的医生对此都心知肚明，但只有莫尼斯敢直言不讳，大声宣告：我要这样做，我要动手术把他剧烈作痛的大脑切掉一小块。即使没有雅各布森与富尔顿的实验，切除脑部某部分的做法也言之有理。我们常可见到深受精神疾病困扰的人，低头用力揉搓太阳穴，仿佛要揉掉前额叶传来的灼热刺痛！

M 太太贡献了自己的大脑

莫尼斯搭火车回葡萄牙。他一如往常，前往里斯本市区的几所精神病院巡视。病患口吐白沫，肮脏邋遢，病一发作就被丢入装满冰块的木桶。莫尼斯对那宛如刑具的冰桶、湿透的胶制外衣、捆绑用的绳索，完全不陌生。20 世纪 30 年代的病人，一经诊断就住进精神病院，平均得待上 7 年。现在的病人，幸运的话，3 天就可以出院了。

精神病院的走廊仿佛但丁笔下的地狱，随处可见神情痛苦的病人，坐立不安，扭动身躯，还有人向外星人祷告，或觉得天使睡在自己的肚子里。病人偶尔会抬起头，看见莫尼斯来回踱步，他的脸庞浑圆红润，身穿深蓝西装。病人不知道莫尼斯走进病房前做了什么。他一下火车，就直接走向太平间，订下三具尸体，准备实验。莫尼斯先以笔代刀，演练如何准确刺入大脑皮层，反复试验不同的角度与深度，直到熟练为止。

根据记载，莫尼斯的第一位病人是 63 岁的 M 太太。她有严重抑郁及焦虑倾向，思想偏激，认定警方试图毒杀她。她曾偷偷在公寓里卖淫，直到其他住户抗议才停止。她经常抑郁，有时还会不停摇晃身体，无法克制。M 太太被诊断为严重的抑郁症，总共住院 4 年半。

手术前一晚，莫尼斯先剃掉了 M 太太的头发，再以酒精消毒头皮。她那时在想什么？莫尼斯怎么跟她解释这个手术的？她知道这个手术风险很高吗？已经饱受痛苦的她还会在乎这些吗？那天晚上，她躺在狭窄的病床上睡去，过了这晚，她的大脑将不再完整无缺。莫尼斯则在宽敞的实验室，注视着尸体的太阳穴上的黑色线条，彻夜未眠。

“第一次手术前的晚上，我满怀希望。希望手术可以把原有的焦虑恐惧一扫而光。如果摧毁连结细胞的组织，可以抑制某些精神疾病的话，这将会是一大突破，有助于了解心灵运作的基础。”

前脑叶白质切除术为何行得通，莫尼斯自有一番解释。这种方法对母猴贝琪有用，而他要更进一步地应用。莫尼斯相信，精神异常其实就是大脑神经束固定显示的思想，这些思想固定于连结前脑与丘脑的神经束上，如果能切断这些神经束，病人就不会精神失常。事实证明，莫尼斯的理论过于简化了，不过这却促使坎德尔进行了后续研究，坎德尔说：“莫尼斯功不可没。”

M 太太也是，她贡献出了自己功能异常的大脑。1935 年 11 月 11 日，她从原先所住的精神病院转往里斯本的圣玛丽亚医院的精神科，莫尼斯就在那里等着她。在首例前脑叶白质切除术中，使用的工具并非手术刀。M 太太躺在手术台上，光秃秃的头皮刚擦拭过麻醉药，接着莫尼斯在头骨两侧各钻出一个原珠笔尖大小的洞。莫尼斯和助理将装满酒精的注射器插入洞中。莫尼斯认为，以酒精烧灼神经组织可让切除过程较为安全。

手术后5个小时，病人逐渐恢复。莫尼斯记下了两人的对话。

“你家在哪?”

“戴斯特罗的卡尔喀达。”

“这是几个手指头?”

她略带迟疑地回答：“5个。”

“你多大了?”她迟疑许久，不确定答案。

“这是什么医院?”她没有回答。

“你喜欢喝牛奶还是牛肉汤?”

“牛奶。”

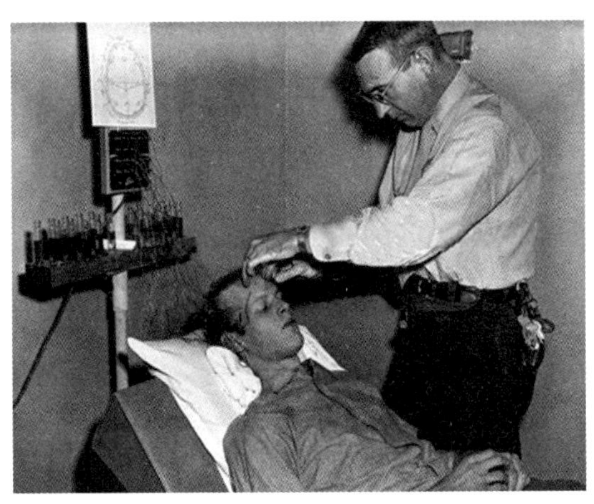

前额脑白质切除术后

她的回答不仅未能证实病情有显著改善，甚至还反映出某种程度的认知退化，但莫尼斯并不担心。脑部手术后的病人出现暂时的意识混淆是常有的情况。莫尼斯让M太太转入普通病房，她有些发烧，后来恢复了正常。M太太转回原先的精神病院，两个月后，该院一位心理医生对她的精神状况的鉴定结果如下：

该名病人行为正常。焦虑的倾向并不明显。喜欢模仿他人，反应略显夸张，适应良好，道德观念、智力、行为一切正常。情绪略显低落，可能是她担心自己的未来所致。能正确评价自己先前的病情，对自己目前情况的理解也算恰当。

M 太太并未出现新的病症，原先偏执的想法大都消除。换言之，病人接受治疗后，焦虑、烦躁、抑郁程度降低，出现频率也随之减少。

虽然残忍，但真的有效

手术显然极为成功。不过，没人知道 M 太太的后续状况。她在手术后，脑部有何变化？她的病情是否持续改善？有无复发？她对这次手术有何感想？我们一无所知。因为莫尼斯并未追踪研究，双方的联系就此断线。

M 太太的手术后，莫尼斯继续为更多的病人进行手术。他不管诊断结果，只要有病人就动刀，这种做法让他饱受抨击。他等于把病人当成了小白鼠，后来有多位病人的情况迅速退化。尽管这并不影响病人的情绪感受，但手术的风险与效益却有必要重新评估。莫尼斯或许会这样想：这样做有用，就算没有用，也不会更糟。顶多就是这样罢了！莫尼斯这样写：“我发现这个方法也许无害，甚至对精神病人大有帮助。”

他继续进行这项手术。在病人头上钻洞，注入冰冷澄净的酒精。酒精流过那些掌管心智的脑部组织时，莫尼斯密切注意病人的重要生理征兆。接着病人脑部出现若干烧灼后的痕迹，就像森林大火后地面上的一片焦黑荒芜。

莫尼斯最初的手术是用酒精烧灼，总计 20 位病人接受了手术。后来他改用脑叶切割器，这种仪器附有刀刃，可以从旁切割，切除神经联系与组织。莫尼斯看到了许多不可思议的情形。长期为焦虑所苦的病人变得平静稳定，幻觉也减少了，久住精神病院的病人可以出院回家了，有些甚至还找到了工作。他为一名 26 岁的妇女动手术，这名妇女曾在前往刚果的途中，把行李丢下船，还因极度抑郁，而喝下盐酸。动过手术后，家人发现她“状况大为好转，好像回到没发病前。”病人本人表示：“病都好了。我现在只想回家和女儿一起生活。”

莫尼斯表示，第一批接受手术的 20 位病人，7 位完全痊愈，7 位病情有所改善，另有 6 位没有变化，换言之，70% 的病人的症状明显减轻，长期观察，也没有发现有副作用。精神外科学者对此数据颇有争议。

反对者认为，由于缺乏长期追踪，对这些早期研究所得的数据的解读方式明显存在偏颇。此外，虽然病人在手术后智力测验分数似有提高，但这意义不大，因为智力测验测不出脑部手术导致的特定能力的减损。这些观点都有其价值。然而莫尼斯与其后继者宣称，这些大胆且残忍的手术让无数病人解除了痛苦,行为得到显著改善。当时多数抗精神病药物，像是百忧解之类皆尚未问世，所以莫尼斯的手术尽管残忍，但也不失为精神病人的福音。

星星之火，差点燎原

莫尼斯于 1937 年在《美国精神医学杂志》（*American Journal of Psychiatry*）上发表了手术结果，前脑叶白质切除术自此传入美国。两位外科医生弗里曼（Walter Freeman）与沃茨（James Watts）远赴葡萄牙研修这项技术，后来发展出经眼眶额叶切除术（transorbital lobotomy）。弗里曼与沃茨将尖头仪器从眼睛上方插入脑部，让仪器尖端穿透眼窝骨骼组织，进入大脑半球。弗里曼与沃茨所用的方式与莫尼斯的手术最大的差异在于进入脑部的部位不同。莫尼斯在发线附近钻洞，弗里曼与沃茨则从头部最柔软的部分下手，手术仪器从眼窝插入，在脑袋里头搅和，试图切除某些组织。

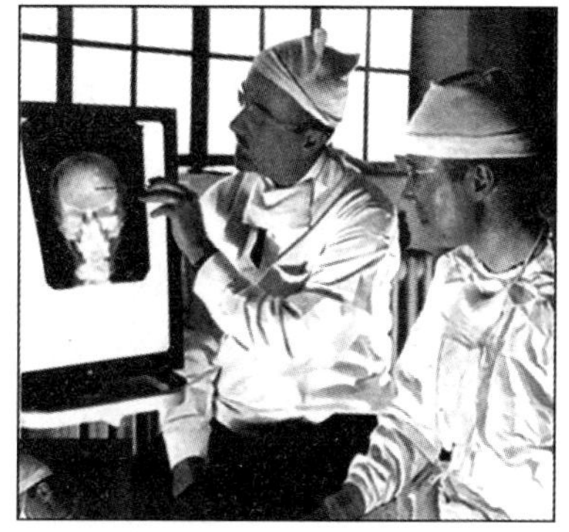
弗里曼与沃茨的手术

弗里曼与沃茨的手术过程和莫尼斯的一样骇人听闻，此外，如果只针对焦虑和抑郁的病人，则两者的成果很相似。弗里曼引用了一个堪萨斯州的妇人的例子。这名妇人情绪相当焦躁不安，她不愿意住院，因而决定接受手术。这位妇人和M太太一样，手术前一晚，被剃光了头发，看着卷发落地，她哭了出来。隔天她被送入手术室等候，粉色的头皮宛如婴儿的屁股。弗里曼与沃茨进入手术室，钻洞、切断脑部组织、缝合。这个妇人躺在手术台上，带着敬意，说她一点都不害怕。

弗里曼：你快乐吗？
妇人：是的。
弗里曼：你记得你来这里时很沮丧吗？
妇人：我记得，我很难过。
弗里曼：那是什么感觉？
妇人：我不知道，我已经忘记了。那应该不重要吧！

弗里曼宣称手术效果非凡："她的判断与理解能力不仅未见衰退，而且更能享受外界事物带来的乐趣了。"后续一个半月内，两人再度为5位病人施行了手术，且发现这些病人手术前后的状况相似：手术前，焦虑、恐惧、失眠、神经紧张；手术后，完全摆脱了焦虑的困扰。

然而负面的案例接踵而至，包括情绪失控、死亡、血管爆裂、刀片留在脑内、术后感染、复发、大小便失禁，等等。莫尼斯提到一名妇女手术后第4天，开始口出秽言，高声唱歌。有些病人心智退化，像小孩一样紧抓着布娃娃，非常顺从。弗里曼写道："接受前脑叶白质切除术的病人，都会变成良民。"这种说法让人心寒。但我们今天让病人服用的精神类药物不也如出一辙吗？

这项手术涉及许多重要议题，其中最重要的是：前脑叶白质切除术会不会使病人丧失生命的活力？多数病人手术后心智并未退化，也未口出秽言，即使有这种情况，也只是短期现象。但有些状况可能并非短期内就能显现出来。许多病人接受前脑叶白质切除术后，变得比较沉静、漠然，这种变化相当微妙，感觉好像不是原来的那个人了，徒有其形，缺乏个性、感情等细微特征。

变得比较沉静、漠然倒还说得过去，毕竟火若烧得太旺，可能会烧伤自己。有位动过前脑叶白质切除术的医生，还能够正常给病人看病。另有一位病人则事业兴隆，还能驾驶飞机。前脑叶白质切除术之所以重要，并不在于手术的方式与过程，而是它迫使我们不得不正视医疗伦理问题。

病人在同意接受手术前，是否获得了充分信息？原本的大脑功能有缺陷，却以移除其他功能作为治疗方式，这样合乎伦理吗？手术伤害了健全的人体组织，医生对此有什么解释？人脑是否神圣不可侵犯？外科医生是否掌握着病人的生杀大权？尽管这项手术有摧毁人的灵性和活力之虞，但它却促使我们反思一些关键的问题。这种治疗方式涉及的问题如此复杂，我们需要衡量如何取舍。

媒体并不了解其中的复杂纠葛，而当得知新的前脑叶白质切除术之后，便大力鼓吹。1948 年《纽约时报》刊出了以下报道：

外科手术：精神疾病的新疗法

据报道，其他治疗重度精神病人的方式皆不见效，而在接受新研发的脑部手术后，65% 的病人的病情获得了显著改善。唯有若干权威的神经学家深表怀疑。

1941 年《哈泼斯杂志》(*Harper's*)将这项手术誉为划时代的技术,《星期六晚邮报》(*Saturday Evening Post*)也对此赞誉有加。随后还有病人现身说法,这些证词半是广告推销,半是冥思玄想,和我们现在所知的截然不同。1945 年,一位署名丹奈克的病人投稿《皇冠季刊》(*Coronet Magazine*),题目为“精神外科手术治好了我的病”,他自述在接受前脑叶白质切除手术前很无助,想自杀,觉得生活了无意义,手术后则像是从“可怕的心牢中释放了出来”。丹奈克重拾自信,从事汽车修理工作,据说还小有成就。他在文中写道:“我没有其他意图…… 我只想帮助和我有同样问题的读者,若你有朋友也饱受折磨,希望这篇文章能给他鼓励与信心。”

药物的精确性只是神话

前脑叶白质切除术为何招致日后洗刷不掉的恶名?手术的负面影响极其明显,其术后的发病比率有时高达近 30%。而在美国大力推行此项手术的弗里曼,做法也相当粗率,手术历时不过 10 分钟,他既不消毒手术工具,也不帮病人覆盖遮布,只管扯下脑部神经束。弗里曼完全不筛选病人,只管动手术,这就好比现代的精神病医生,不论来者何人一概给开最新的抗抑郁药物。弗里曼尽管看似相当关心这些病人,每年还会写圣诞节卡片给他们,开车前去探访,关心病人的进展。但他的许多不当做法让前脑叶白质切除术留下了难以磨灭的恶名。

尽管手术成效不佳,但不可否认这项手术确实帮助了许多人。美国国会于 20 世纪 70 年代成立委员会调查精神外科手术,原本打算立法予以禁止。但调查结果却发现,精神外科手术不仅合法,而且“对若干精神疾病的治疗或症状的缓解,具有重要的医疗价值”,这完全出乎委员会的预料。委员会进一步指出，精神外科手术“不失为有所助益的疗法”。向来严词批评前脑叶白质切除术的瓦伦斯坦因也写道：“许多焦躁易怒的病人，在接受前脑叶白质切除术后，症状都获得了明显改善，甚至有些病人完全恢复了正常。”

然而，为什么我们将前脑叶白质切除术弃如敝屣，视之为生理治疗发展的污点，认为是可能招致危险后果的异端邪行？我们之所以会这样看待前脑叶白质切除术，也许是大脑的作用使然。人类也许比较喜欢黑白分明，不爱混沌模糊。也许我们永远无法摆脱非黑即白的信念，喜欢两极化，喜欢没有任何疑义。因此，我们既然认为现代常见的精神疾病治疗方法较为人道，那就有必要强调以前用的方法有多野蛮。

我们不知道那时候在做什么，但知道现在该怎么做。吞几片百忧解、利他能，或是注射荷尔蒙，就能让自己快乐。然而现代疗法和先前的疗法究竟有多大差异呢？前脑叶白质切除术由于不够精确而广受质疑。医生在病人的脑袋上钻洞，插入尖锐利器，割除一部分掌管梦境与思想的重要组织，却不清楚究竟移除了什么东西。医生约略知道这东西与丘脑及前额叶有关，会影响情绪与智力，但没有人知道他们究竟从错综复杂的大脑迷宫中移除了什么。至于今天常用的百忧解，向来标榜为疗效精准，我们也都深信不疑，感觉我们很清楚自己在做什么，我们在瞄准目标，对症下药，不像某些原始的疗法，任凭手术刀乱搞。

然而百忧解针对的是大脑的哪一部分？药效如何发挥？没有人清楚。研究者萨奇姆（Harold Sackheim）说：“药物的精确性只是神话。”就像前脑叶白质切除术，没有人知道百忧解为什么能治好某些精神疾病，百忧解并不比莫尼斯的前脑叶白质切除术更高明精细。医生虽然给病人开百忧解，但他们的依据也不过是想象与事实各半，但却十分自信，认定病人会就此痊愈。

脑叶一旦切除，就无法恢复，这也是这项手术备受批评之处。然而谁能保证现在使用的药物不会造成永久的伤害，只是我们还未发现罢了！精神医学家葛兰姆伦（Joseph Glenmullen）提出警告，服用百忧解可能导致脑部出现血块或栓塞，产生类似老年痴呆症的症状。许多服用者抱怨记不住日常琐事，原因也许在此。也有证据显示，长期服用百忧解可能导致异动症（dyskinesias）。

美国人如此依赖百忧解，也许20年后，这些人全都会出现手脚不自主地抽搐、健忘等症状。然而为了解除痛苦，我们还是服用了这种药物，当年决定接受手术的病人也这样想。长久以来，我们始终怀疑，病人接受前脑叶白质切除术后，是否会失去生命的活力？手术刀切入的前额叶，是构成大脑的最主要的部位。前额叶萎缩，自体反应能力也降低。手术刀切入灵魂的核心，留下一片空虚。

神秘的终极手段

姑且不论这种质疑是否有根据。更耐人寻味的是，不管是过去还是现代的治疗方法，人们总是一贯抱有质疑畏惧的心态。综观历史，只要出现可让心灵安乐的机会，我们总先担忧会不会对心灵造成未知的伤害。奥地利诗人里尔克（Rainer Maria Rilke）不愿接受心理分析治疗，因为他怕痊愈之后会丧失写诗的能力。舞台剧《恋马狂》（*Equus*）的主角爱马至深，视之如命，最后同意接受心理治疗，却发现除了对马的狂热，他根本一无是处。

各行各业都有人抱怨，疗效极佳的新药让他们“无法集中精力”、“失去了创意”。不管是哪一种精神疾病的疗法，这类抱怨都层出不穷。这不禁让人怀疑，问题也许不在于是哪种疗法，而是人类对受苦这件事所持的复杂态度。我们一方面痛恨疾病折磨，一方面又相信受苦让我们具有人性。不论前脑叶白质切除术是否剥夺了人之所以为人的重要特质，但它本质上与现代用于舒缓病痛的方式并没有差别。至于人是否必须具备灵性和活力，去问丹奈克或M太太吧！我想深受病痛折磨的他们会正经八百地说："管他什么灵性和活力，只要让症状消失就够了。"

极度的痛苦就算没有吹熄生命之火，也至少让它黯然失色了！我们宁可解脱。

莫尼斯于1949年因为前脑叶白质切除术而获得了诺贝尔奖。前脑叶白质切除术蔚然成风，当年就有2万美国人接受手术，而《国家》（*Nation*）杂志指出，这些脑部受伤的病人，形成了美国社会的特殊族群，这种现象很让人忧心。据估计，1936—1978年，约有3.5万名美国人接受这种手术，莫尼斯获得诺贝尔奖时，手术案例随之激增。

1950年第一种抗精神病药物问世后，手术案例锐减。以药物治疗精神疾病的观点及技术自此迅速发展，获利丰厚。再者药物所遭受的质疑似乎少于手术，因此前脑叶白质切除术从此被打入冷宫。药物尽管仍会导致肌肉麻痹、出汗、突如其来的过动等副作用，但至少侵入性较低，让人感觉比较好。我们宁愿让药效经由胃部影响脑部，也不想以手术直接碰触。我们可以兴致勃勃地谈论某个可怕的事实，却不愿亲身经历。

还有其他因素促成了精神外科手术的没落。美国民众开始质疑未受管制的医药实验。米尔格拉姆的电击实验造成了被试的创伤，引发了实验伦理的激烈争议。此外，在塔斯克吉的梅毒研究中，医生为了观察脑部细胞死亡的过程，而不对患有梅毒的黑人进行治疗。最重要的也许是因为媒体将精神疾病的治疗药物视为全新的突破，大力宣扬，一如当年鼓吹前脑叶白质切除术，民众满怀期待或孤注一掷地决心转而寻求其他治疗方式。

到20世纪70年代，美国每年接受前脑叶白质切除术的病人不到20人，继续操刀的精神外科医生也不断改善自身的技术，因此受到伤害的病人越来越少，负面效应也随之减少。1950—1960年，脑部立体定位仪器研发问世，医生可以将细小的电极插入脑部，针对特定组织进行破坏，将损伤减至最低程度。医生也将焦点从前额叶转移到边缘系统（limbic system），也就是所谓的“情绪大脑”（emotional brain）。

然而不管当时或现在，精神外科界对究竟大脑哪个部分应该切除，都很少能取得共识。这种缺乏共识的情况也凸显了精神外科的实验本质。不同的神经外科医生，偏好不同的脑皮层区域，这种偏好早在病人就诊前就已经存在了。精神外科界对于哪个部位才是病源，一直众说纷纭，加上若干极具争议性的代表人物，致使前脑叶白质切除术成为最终极的手段，只对最严重的病人才使用，也因此蒙上神秘与耻辱的面纱。

我不想忘记有关你的一切

麻省综合医院坐落于波士顿市区。这栋高科技大楼的玻璃大门闪闪发光，旁边是鹅卵石铺成的旧式街道，连栋的砖造楼房矗立路旁，家家户户窗台上的花盆繁花盛开。全波士顿最先进的专业医院就近在咫尺。

要在美国接受精神外科手术并不容易，加州、俄勒冈州等许多州，甚至立法禁止施行精神外科手术。病人如果想接受精神外科手术，必须长期等候，经历重重关卡，得先向医学伦理委员会证明已试过其他所有的治疗方式，且皆无效之后，才能在脑袋上钻洞，接受外科治疗。

纽约市的埃思黛，终生为抑郁症所苦，却无法获得麻省综合医院的医学伦理委员会核准，接受前脑叶白质切除手术，只因为她接受的电击疗法次数还不够多。得州奥斯丁市的纽维兹获准接受了手术，因为他已接受了30多次电击治疗，服用过23种药物，他逐一复诵药名，仿佛吟唱某种乐曲。这么多种药物构成了他的人生，他永远脱离不了精神疾病的阴影。

40岁的纽维兹个头高大，胡须稀疏，眼神茫然，也许是服用了那么多处方药的后遗症。他22岁时抑郁症发作，他当时正在得州从事地质工程工作。突如其来的强迫症让他失去了正常生活的能力。他满脑子只想计算、检核、敲打，没办法做别的事，工作、人际关系全部停下来，生活被反复的仪式所占据。纽维兹说："一切发生得很突然，我一直都很正常，突然间什么都不对劲了！"

纽维兹认为自己是少数不幸的人，因为医生开给他的药都无效。他这样想在某方面来说没错，但也不完全如此。纽维兹的遭遇虽令人同情，但服用药物却不见效的人，绝对不在少数。但精神疾病药物学家及提供赞助的制药公司却得意地宣称，药物是治疗精神疾病的最新方式，这些豆大的药丸具有神奇的疗效，能让我们从混沌中拨云见日，还能改善睡眠，提高灵敏度。

他们所要传达的正是这些过度简化了的错误信息，但问题不仅如此。制药公司与许多精神疾病药物学者喜欢引用以下数据：70%的患者服用药物后病情改善，30%未获改善，所以不用担心，整体来看，利大于弊。进一步观察，我们就会发现不是这样。确实有70%的病人服药后会改善，但其中只有30%能持续改善，其他人的改善幅度并不高。此外，据估计约有60%的病人会逐渐产生抗药性。重新计算后，所有服药的病人中，绝大多数仍在受病痛的折磨或是仅有"轻微"改善。药物是有帮助的，但效果不大。单看这些数据，我们不禁要想，精神外科手术固然备受争议，但确实有其独到之处。为何我们只是不假思索，一味批评挞伐?

纽维兹和他的医生经过长期努力，总算让他得以在麻省综合医院接受精神外科手术。与莫尼斯当年的手术相比，这次手术有若干不同之处。脑部立体定位仪使切除过程更为精确，避免了损伤脑部边缘组织，将副作用减至最小。此外，现在也不会有医生在精神病房的回廊里游走，随意挑选病人进行手术。在20世纪末，美国人类被试安全委员会（National Committee for the Safety of Human Subjects）已经制定了严格规范，而莫尼斯或弗里曼的年代则没有这类组织的监管。

1999年12月5日，纽维兹和妻子莎夏搭飞机前往波士顿。纽维兹在此与神经外科医生会面，并进行了一连串的测试，从头到尾，莎夏看起来都很害怕。莎夏是个娇小的金发美女，二十出头便与纽维兹结婚，那时纽维兹还完全没有症状。强迫症确实可让人在一夕之间完全变样。

莎夏继续说:“我很害怕，手术后他会变得比较迟钝吗?”她到处问医生。后来我们在毕肯丘的一家小吃店吃比萨时，她对纽维兹说:“我只希望你手术后不会越来越迟钝。”纽维兹当时正要把一片比萨送进嘴里，突然停下了动作，缓缓把比萨放回盘里。他一边搓揉太阳穴，一边缓缓地说:“这次手术让我最怕的，不是我会变笨。”当时还有记者在场，一起分享这个生命中的亲密时刻。他看着我们三人说:“我最怕手术后我会变成另一个人，这种事之前发生过。我不想忘记现在这一切，像个陌生人。”他看着莎夏，面带微笑，拉起她的手，说:“我也不想忘记有关你的一切。”莎夏笑了。

我舌头麻了，说不出话来

隔天早晨，天气晴朗而寒冷，太阳好像是挂在天空中的橘子果冻。

鹅卵石人行道结了一层薄冰，一踩就碎。莎夏、纽维兹和我，在庭院里碰面。一栋古老的建筑里传出吹奏喇叭的声音，充满了不祥之兆。纽维兹问："你们听到了吗?"

我们沿着坡道往下走。我很难相信手术之后纽维兹不会变迟钝。我也认为，再过几个小时，此时此地的纽维兹，就会缺失一部分灵魂。这些消极悲观的想法再加上我们正走在下坡路上，使我感觉既神秘又巧合。20世纪初，弗里曼曾说，精神外科手术并未取走病人重要的东西，手术甚至会让病人发展出更新、更成熟的自我。医生向纽维兹保证，手术后不会产生智力或人格方面的缺损，现代技术已发展纯熟，只会针对有问题的组织进行处理。无论如何，此刻我们如履薄冰。

我们来到医院，纽维兹躺上了手术台。他剃光了头发，头皮抹上了酒精，莎夏哭了起来。纽维兹问："你要割几刀?"医生说："两刀。"纽维兹说："不要!"医生问："不要?"纽维兹又说了一遍："不要!"医生说："我不能只割一刀，这样你的症状不会改善。"纽维兹睁大眼睛，说："我知道，我要症状全都消失，我不要一刀，两刀也不够，我要你至少割三刀。"

现代医生可以不假思索地指出扣带回切除术与前脑叶白质切除术的差异，但其实两者有许多重要的共同点。这两项手术都未切除病态组织，而是切除了某个健康的组织。当然，有时候伤害也可以带来健康，化疗便是最好的例子。整形手术在某些层面上也是如此，锯下病人一小节鼻骨移植他处，挽救病人岌岌可危的自信。

然而两种手术仍有重大差异。前脑叶白质切除术截断了连接前额叶与丘脑的若干神经束，扣带回切除术则将从前额叶延伸至扣带回的若干神经管束切除。一般认为扣带回是负责调节焦虑的部位，切除这些神经管束，焦虑、偏执的信息理当无法传递。

麻省理工学院心理学系系主任科金（Suzanne Corkin），以接受扣带回切除术的美国病人为对象，观察其长期预后状况，结果发现扣带回切除术不会阻碍正常的情绪反应，并且能有效减轻精神疾病的症状。这项研究中，许多无助的病人接受了扣带回切除术后，精神恢复了正常。扣带回切除术源于莫尼斯的前脑叶白质切除术，这项手术尚未有死亡案例，也未出现将刀片留在脑内的离谱过失。

手术室里，纽维兹的头部被固定在一个钢圈里，使其在钻孔时能保持不动。高科技造影仪器照出纽维兹的脑部，投影在荧幕上。扣带回的影像巨大，布满了颗粒。一位医生把钻具对准纽维兹的太阳穴上方，透过光滑的肌肤往里钻。荧幕上可以看到钻头缓慢伸入纽维兹凹凸起伏的脑皮层，接着钻头停了下来，往旁边切割，然后荧幕上出现了一条白线，要破坏的就是这里。割下这一刀，也许能换回健康，接着再割下另一刀。纽维兹睁大眼睛看着，医生移动钻头，纽维兹嘴唇开始抽搐，他突然举起左手。医师说："你眨一下眼睛好吗？""你能从 7 开始倒数吗？""手术差不多完成了。你记得你叫什么名字吗？"

纽维兹躺在手术台上，声音低沉含糊："我没办法……"医生看起来很紧张，问他："你不知道自己叫什么名字吗？"纽维兹说："我没办法……纽维兹。我舌头麻了，说不出话来。"

你能接受自己的脑袋上有两个洞吗

1977 年，《发现》（*Discover*）刊载了一篇题为《前脑叶白质切除术卷土重来》的文章，尽管作者认为这一趋势让人忧心，但从某些层面来看，也许是振奋人心的进展。这意味着莫尼斯确实言之有理，精神外科手术并不是异端邪行，精神药物学才是。治疗精神疾病的药物，都无法像今天精神外科手术一样精确，没有一种药物能对准仅有几毫米大的扣带回。

神经科学家沙克海姆说："精神医学未来的目标应当在于，研发出一种既能对准特定组织，又不波及其他系统，不会造成严重脑部损伤的药物。"沙克海姆任职于纽约州立精神病学中心。他相信现代精神外科手术的疗效，也相信莫尼斯钻透 M 太太脆弱的头骨时，也同时打开了另一扇窗，让我们看到其他可能的疗法。这些外科实验证明了最可行的精神疾病疗法不再局限于服用药物。

纽维兹所接受的扣带回切除术，只在脑部留下了一道精确的白色割痕。沙克海姆也提到了更令人振奋且具有里程碑意义的新科技：让头部接受磁波刺激，调整失调的大脑；或以 γ 射线瞄准大脑皮层特定部位，进行深度的脑部按摩。美国食品与药品管理局（Food and Drug Administration）已经批准用这种方式治疗帕金森症。

沙克海姆预测，这种方式有望在几年内推广到其他精神疾病。这种治疗方式必须在脑部两侧植入微小电极，刺激脑部特定区域。沙克海姆对这种治疗方式可能导致后遗症的质疑极为不悦，随即反驳："抑郁症才会伤害健康的脑部组织。抑郁症患者的海马比正常人小了 15%。"

方法有没有效，就看敢不敢尝试。手术完成后，纽维兹头上包着大捆绷带，被推入病房。妻子看着他，说："亲爱的，你还好吧？"他双唇剧烈颤抖，手指放在鼻梁前，突然大笑起来。他说："跟你开玩笑的！我很好，我想吃冰淇淋。"

他的幽默感丝毫不受影响，我想这足以证明他并未丧失生命的活力！5 天后，纽维兹回到得州。过了一阵子，我打电话给他。他对我说："强迫症完全好了，真是太神奇了。"我说："全好了？"

他说："至少减轻很多，已经完全不会困扰我了。"

得州天气干燥晴朗，纽维兹头脑清醒，只是多了两个小洞，上头覆盖着薄薄一层脑膜。他现在很好，头上这两个洞既是高科技的产物，也是原始手法的结果。

纽维兹说："强迫症是好了，不过我的情绪有些低落。"手术并未导致他记忆受损，此外，一系列的测验显示，他的智商比手术前还高。我问："你不后悔动手术吗？"他说："我还想再动一次手术。这次的效果已经很惊人了，我的强迫症完全不见了。如果抑郁的问题没有改善，我会回医院再动一次手术。"

不管医生加大服药的剂量，或是在大脑皮层上多割几刀，头骨下这1.5公斤重、布满皱褶、形似核桃的大脑，仍有其神圣之处。也许医生越来越容易进入大脑，我们也会越来越习惯大脑有洞这件事，甚至像其他手术伤口一样，展示给别人看。我们也会认为乳房切除和脑部切除，其实并没有不同。

不过我不这么认为。莫尼斯带给我们药物以外的另一种选择，从而衍生出另一项手术，它将影响范围减至最低，准确程度大幅提高。我们要感谢莫尼斯，不过我认为莫尼斯带给世人的还不仅如此。虽然还有待观察，但莫尼斯让我们意识到，我们深信人脑乃神圣之所。尽管这种牢不可破的信念并不妨碍我们探索其他治疗精神疾病的手术，但我们的言行举止、思想观点都屡屡反映出这一信念的可贵。

后记

盖棺定论还太早

本书始于寻找斯金纳的女儿德博拉。斯金纳是20世纪最前卫的行为主义学派学者，而德博拉的一生就像个扑朔迷离的谜团，我找不到她本人，只能确定她还活着，我也找不到有关她的精神状态的资料。身为父亲的实验被试多年，她现在过得好吗？生活快乐吗？我不知道。

关于心理实验，也许我们还有许多疑问，也不了解这些实验对人类有什么影响，也不确定这些被试能否受益。没有米尔格拉姆、罗森汉、莫尼斯，我们对人类心理的了解将乏善可陈，缺乏实际案例佐证。但到最后，谁能告诉我们，这样做到底值不值得？成本与收益能否平衡？

我想在本书的结尾回答这个问题，提出我的结论。但这些实验所得的资料几乎都可更进一步探索，因此想在此书中盖棺论定，我力有未逮。为了写这本书，我看了丰富的资料，但我无法概括一切，形成定论，指引未来的发展方向。因此我决定不再另行归纳，因为启示已经蕴含在字里行间了。从不知踪影的德博拉到坎德尔的红色药丸，就待读者细细品味，深入思索，发掘文字表象下的深层含义。

尽管各章内容看似独立，但仍可归纳出若干共通的脉络，揭露这些实验的本质。这些反复出现的主题包括：自由意志（斯金纳、亚历山大、洛夫特斯、莫尼斯）、服从顺从（米尔格拉姆、达利与拉丹、费斯汀格、罗森汉）、实验的伦理争议（哈洛、斯金纳、米尔格拉姆、莫尼斯）。即使是最专业的实验（如坎德尔），最终所关注的重点其实还是与道德、存在相关的“哲学”问题，而非心理学界向来强调的价值中立的“科学”。

精神医学家布拉金斯基（Dorothy Braginsky）曾撰文深入探讨心理学，文中提到：“心理学的所有文献证明了，我们无法以有意义的方式来探索、调查任何有意义的问题。事实上，如果心理学期刊是我们留给后代考古学者的唯一资料，那么后代学者应该根据这些资料推论，认为我们如同置身天堂般快乐。20 世纪中，我们目睹了许多重大的事件，如暴力斗争，社会、政治、经济的动荡不安以及个人心灵的无所适从，心理学的所有研究却未能反映这些事件。”

20 世纪初期，美国哲学家威廉·詹姆斯写信给身为小说家的弟弟亨利·詹姆斯（Henry James），也提到类似的观点。“听到有人谈论‘新心理学’的成就，这着实让人不解。看到有人写‘心理学史’，大谈心理学一词所涵盖的元素与影响，而我们在里面却看不到任何真知灼见，这真让人匪夷所思。一连串粗略的事实、些许闲聊漫谈，掺杂着个人意见，几种分类、几项结论，充其量只在描述现实……完全不见任何称得上严谨的科学定律，也欠缺假设可用于推论结果。”

布拉金斯基和威廉·詹姆斯显然不认同心理学，然而他们的论点并不能代表心理学的全貌。有些心理学的做法与论点确实过分简单荒谬。20 世纪 40 年代新兴的逻辑实证主义（logical positivism）与心理学合流，致使越来越多的学者都仿效这种随性漫谈，使情况更为恶化，这些都是事实。此外，也有心理学的分支领域煞有其事地研究老鼠在一定时间内出现眩晕的比率，仿佛这是攸关人类心灵的重大议题，还为此沾沾自喜。

布拉金斯基与威廉·詹姆斯认为心理学与社会现实脱节，然而综上所述可知，两人的见解并不正确。综观20世纪重要的心理学实验，莫不由若干明确的理念出发，针对人类面临的心理课题，深入探索反思，让我们看清了人性的残酷无情、同情与爱的机制、记忆与意义。这些实验秉持坚强的决心与浪漫的想象，这为这些实验增添了许多寓言式的色彩。实验确实“证明”原本应当理性超然的实验心理学，不仅反映出实际生活的样貌，而且可以说实验就是生活。实验结果恰巧与实际生活不谋而合，这也许就是这些实验带给我们的启示。

许多米尔格拉姆的被试表示，他们经历的实验情境让他们发生了深沉的改变，获得了启发。塞利格曼曾在罗森汉的实验中伪装病人，他谈起当年混进精神病院的经历时，也提到他所感受到的人性的残酷与温暖。30年后，塞利格曼已成为知名的心理学家，对于自己参与该实验的始末细节依然记忆犹新，这项实验不仅改变了他的人生，也让他体会到情境与期望对于经验形成的重大影响。

不管批评者怎么说，实验心理学不仅反映现实生活，也直指问题核心，实验结果令人信服，也让人惊骇，更带有些许趣味。为什么人会缺乏道德理念，不敢反抗权威？为什么我们不能对国际盟友及时伸出援手？为什么我们不顾自己的感受，屈服于主流观点？这些都是20世纪实验心理学所专注的主要课题。这些议题与世界的关系非常密切，但在心理学的心理治疗领域中却付之阙如，这种现象非常值得玩味。

实验心理学与临床心理学的交集何在？显然没有交集。我访问了12位有执照的心理治疗师，他们为病人看病，施以治疗，但对这些实验，却闻所未闻，也不在乎它们对其工作有何影响。这些学问尽管都归属于心理学领域，但却缺乏共通一致的准则，这是一个问题。更大的问题是，心理治疗对于相关领域的资料未能加以吸收利用，两者间的落差究竟有多大？心理治疗在 20 世纪的发展趋势是治疗病痛，使人心神舒坦。另一方面，实验心理学则不断探索有关服从、恭顺等道德议题，着重在使人做他们应该做的事情。如果我们能做应该做的事情，并对此引以为荣，便能感受到自尊。临床心理学家所受的训练向来要求其忽略价值判断，以绝对超然客观的态度对待病人。如果他们敢于突破成见，引用米尔格拉姆、阿希、罗森汉、洛夫特斯实验所得的结果，深入了解病人的心灵世界，也许更能让病人得其所欲，超越自我。

我们还看不出实验心理学对心理学的影响，倒是可明确指出实验心理学受哪些学术领域的影响。我在本书中不断提到这些问题：什么是实验？实验是在阐释观点，抑或是在追寻科学真理？科学是什么？心理学是科学、想象、哲学？也许都是。实验心理学不断质疑与道德、与生存相关的问题，这些问题都与奥古斯丁、康德、洛克、休谟等哲学大师的思想息息相关，显示了一脉相承的传统。有些重要议题向来被视为哲学思辩，实验心理学或许就是以有条理、有组织的方式，对哲学课题提出质问。

心理学长久以来都被归于哲学领域，从 19 世纪起，心理学者们一直努力要与人文学科划清界限，脱离哲学掌控。长久的努力只得到这个结果，实在令人遗憾。最早的心理学家其实也是哲学家，长期以来，心理学与哲学并未明确区分。直到 19 世纪晚期，有位名叫冯特的人说："我受够了，你们这些哲学家尽管坐着空想高谈吧，我可要去测量计算，找出真凭实据了。"他的同事还捻着胡须，仰望天空时，冯特已经离开，并设立了一所备有各式仪器的实验室，且开始进行测量。一般认为以科学为本的心理学就此诞生。

心理学先天不良，所以必须要依附科学，否则无法独立生存。若将科学定义为揭露普世遵循的法则，发觉其中问题并以系统条理的方式予以探索，则心理学始终无法达到此项要求。科学需要赋予某些现象名称，加以单独检视，不考虑其时空背景。然而怎么能把思想和产生思想的人截然分开？怎么能把想法与其来源分隔？怎么能剔除其他因素，只探究一系列的思想？心理学的本质不符合成功的科学研究与实验之准则。我并不主张要全然推翻前述各章的论点。但许多心理实验不论在本质或走向上，确实较趋哲学。如果能从直觉观点看待这些实验，而不只专注于量化信息，这些实验将能发挥最佳作用。

米尔格拉姆的实验犹如影音效果绝佳的戏剧，哈洛让我们看清在我们单薄的躯体骨架之下，人类究竟失去了什么。不管我们能否量化这些实验结果，这些效应却是千真万确的。事实上，我们不需要从哈洛的实验中导出相关定律，这样做不仅匪夷所思，也只会把爱简化为一连串的等式。心理学家试过这种做法，这听起来只让人觉得愚蠢、含糊。幸好人类的内心并不科学。

不过我并不认为心理学不需要科学作为基础。心理学的若干分支领域明显借用了化学、生物、物理学的技术，其中以神经心理学最为明显，例如坎德尔的海蜗牛实验。我一开始写这本书时，以为心理学实验的动机必定离不开对人性的探究，而且都要经过分析探索的历程，逐步导出具有科学性质的结果。然而事实却不尽然。

实验心理学分为两派，一派强调身体实验，例如，20 世纪初的莫尼斯、20 世纪末的坎德尔，另一派则喜好探究社会与认知现象。我们执着地探索神经元的倾向由来久矣，研究人脑的风潮持续了整个 20 世纪，只是不同的年代有着不同的议题罢了。

迈入 21 世纪，那些像米尔格拉姆、罗森汉、费斯汀格这类与生理无关的实验是否会被排除在主流之外？实验心理学会全然以神经突触为研究对象吗？坎德尔相信，新世纪到来，脑部生物学终会涵盖其他心理学的分支，主导所有相关的研究。他相信我们终会发现所有事物的神经本质，如果能发现这种物质，心理学将可摆脱伪科学的名声，成为一门真正的科学。

我相当期待那天的到来，因为无限可能将随之产生。要是我们知道是哪些神经元素导致服从、爱、悲伤、强迫等情绪反应，我们就能改造人类的心灵！也许心理学会继续发展，甚至可精准地掌握哪些潜在的活动可以引发特定神经传导物质的作用，从而让人们脸上浮出笑容，我们会乐于见到这种景象成真吗？我们未必想对自己从头到脚的各个部位都了若指掌。因为，这样一来我们还能探讨什么呢？罗素写过，人之所以为人，在于我们具有质疑的能力。

当然，我们随时都有新问题，至少我们还可以探讨为什么自己会毫无疑问，这种心理状态有什么意义。兜了一圈，我们又回到哲学领域，这是心理学无法逃避的宿命。不管新的实验采用多么高深精密的科技，我们都无法逃避人心自有的神秘幽暗之处，我们只能带着这些不可知的成分前行，寻找答案，寻遍各种可能。我们在生命中感受情绪，努力付出，看到人心的冷漠、健忘与愚昧。每个人都努力活出自己，每段故事都值得深思。

未来，属于终身学习者

我这辈子遇到的聪明人（来自各行各业的聪明人）没有不每天阅读的——没有，一个都没有。巴菲特读书之多，我读书之多，可能会让你感到吃惊。孩子们都笑话我。他们觉得我是一本长了两条腿的书。

——查理·芒格

互联网改变了信息连接的方式；指数型技术在迅速颠覆着现有的商业世界；人工智能已经开始抢占人类的工作岗位……

未来，到底需要什么样的人才？

改变命运唯一的策略是你要变成终身学习者。未来世界将不再需要单一的技能型人才，而是需要具备完善的知识结构、极强逻辑思考力和高感知力的复合型人才。优秀的人往往通过阅读建立足够强大的抽象思维能力，获得异于众人的思考和整合能力。未来，将属于终身学习者！而阅读必定和终身学习形影不离。

很多人读书，追求的是干货，寻求的是立刻行之有效的解决方案。其实这是一种留在舒适区的阅读方法。在这个充满不确定性的年代，答案不会简单地出现在书里，因为生活根本就没有标准确切的答案，你也不能期望过去的经验能解决未来的问题。

而真正的阅读，应该在书中与智者同行思考，借他们的视角看到世界的多元性，提出比答案更重要的好问题，在不确定的时代中领先起跑。

湛庐阅读 App：与最聪明的人共同进化

有人常常把成本支出的焦点放在书价上，把读完一本书当作阅读的终结。其实不然。

时间是读者付出的最大阅读成本

怎么读是读者面临的最大阅读障碍

“读书破万卷”不仅仅在“万”，更重要的是在“破”！

现在，我们构建了全新的“湛庐阅读”App。它将成为你“破万卷”的新居所。在这里：

- 不用考虑读什么，你可以便捷找到纸书、电子书、有声书和各种声音产品；
- 你可以学会怎么读，你将发现集泛读、通读、精读于一体的阅读解决方案；
- 你会与作者、译者、专家、推荐人和阅读教练相遇，他们是优质思想的发源地；
- 你会与优秀的读者和终身学习者为伍，他们对阅读和学习有着持久的热情和源源不绝的内驱力。

CHEERS

本书阅读资料包

给你便捷、高效、全面的阅读体验

本书参考资料

湛庐独家策划

- 参考文献
  为了环保、节约纸张，部分图书的参考文献以电子版方式提供
- 主题书单
  编辑精心推荐的延伸阅读书单，助你开启主题式阅读
- 图片资料
  提供部分图片的高清彩色原版大图，方便保存和分享

相关阅读服务

终身学习者必备

- 电子书
  便捷、高效，方便检索，易于携带，随时更新
- 有声书
  保护视力，随时随地，有温度、有情感地听本书
- 精读班
  2~4周，最懂这本书的人带你读完、读懂、读透这本好书
- 课　程
  课程权威专家给你开书单，带你快速浏览一个领域的知识概貌
- 讲　书
  30分钟，大咖给你讲本书，让你挑书不费劲

湛庐编辑为你独家呈现
助你更好获得书里和书外的思想和智慧，请扫码查收！

（阅读资料包的内容因书而异，最终以湛庐阅读App页面为准）

湛庐阅读App

思想者的声音图书馆

倡导亲自阅读

不逐高效，提倡大家亲自阅读，通过独立思考领悟一本书的妙趣，把思想变为己有。

阅读体验一站满足

不只是提供纸质书、电子书、有声书，更为读者打造了满足泛读、通读、精读需求的全方位阅读服务产品——讲书、课程、精读班等。

以阅读之名汇聪明人之力

第一类是作者，他们是思想的发源地；第二类是译者、专家、推荐人和教练，他们是思想的代言人和诠释者；第三类是读者和学习者，他们对阅读和学习有着持久的热情和源源不绝的内驱力。

以一本书为核心

遇见书里书外，更大的世界

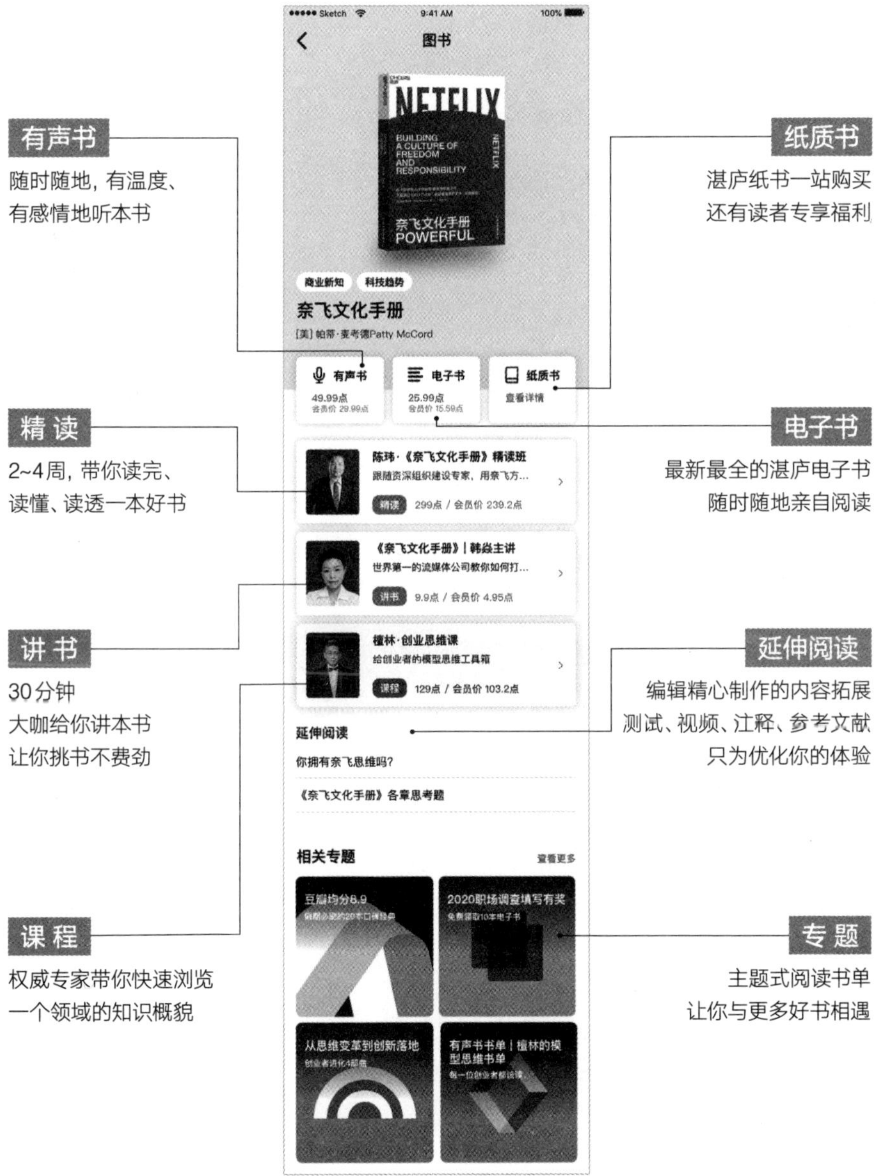

湛庐文化获奖书目

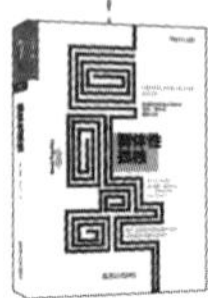

《爱哭鬼小隼》

国家图书馆"第九届文津奖"十本获奖图书之一

《新京报》2013年度童书

《中国教育报》2013年度教师推荐的10大童书

新阅读研究所"2013年度最佳童书"

《群体性孤独》

国家图书馆"第十届文津奖"十本获奖图书之一

2014"腾讯网•啖书局"TMT十大最佳图书

《用心教养》

国家新闻出版广电总局2014年度"大众喜爱的50种图书"生活与科普类TOP6

《正能量》

《新智囊》2012年经管类十大图书，京东2012好书榜年度新书

《正义之心》

《第一财经周刊》2014年度商业图书TOP10

《神话的力量》

《心理月刊》2011年度最佳图书奖

《当音乐停止之后》

《中欧商业评论》2014年度经管好书榜•经济金融类

《富足》

《哈佛商业评论》2015年最值得读的八本好书

2014"腾讯网•啖书局"TMT十大最佳图书

《稀缺》

《第一财经周刊》2014年度商业图书TOP10

《中欧商业评论》2014年度经管好书榜•企业管理类

《大爆炸式创新》

《中欧商业评论》2014年度经管好书榜•企业管理类

《技术的本质》

2014"腾讯网•啖书局"TMT十大最佳图书

《社交网络改变世界》

新华网、中国出版传媒2013年度中国影响力图书

《孵化Twitter》

2013年11月亚马逊(美国)月度最佳图书

《第一财经周刊》2014年度商业图书TOP10

《谁是谷歌想要的人才？》

《出版商务周报》2013年度风云图书•励志类上榜书籍

《卡普新生儿安抚法》(最快乐的宝宝1•0~1岁)

2013新浪"养育有道"年度论坛养育类图书推荐奖

Lauren Slater. Opening Skinner's Box: Great Psychological Experiments of the Twentieth Century.

本书译稿引用自张老师文化事业股份有限公司。

图书在版编目（CIP）数据

20 世纪最伟大的心理学实验（纪念版）/（美）劳伦·斯莱特著；郑雅方译．—北京：北京联合出版公司，2017.4（2023.10重印）

ISBN 978-7-5596-0000-4

Ⅰ.①2… Ⅱ.①劳… ②郑… Ⅲ.①实验心理学 - 通俗读物 Ⅳ.① B841.4-49

中国版本图书馆 CIP 数据核字（2017）第 052967 号

著作权合同登记号

图字：01-2017-2148

上架指导：心理学 / 心理实验

20 世纪最伟大的心理学实验（纪念版）

作　　者：［美］劳伦·斯莱特

译　　者：郑雅方

选题策划：湛庐文化 Cheers Publishing

责任编辑：李　红　夏应鹏

封面设计：湛庐文化 Cheers Publishing

版式设计：湛庐文化 Cheers Publishing

北京联合出版公司出版

（北京市西城区德外大街 83 号楼 9 层　100088）

石家庄继文印刷有限公司　　新华书店经销

字数 203 千字　710 毫米 ×965 毫米　1/16　16 印张　1 插页

2017 年 4 月第 1 版　2023 年 10 月第 7 次印刷

ISBN 978-7-5596-0000-4

定价：49.90 元